2020

琵琶湖環境科学研究センターブックレット Vol.1

琵琶湖の科学

みずのこと・いきもののこと

発刊に当たって

「滋賀県」にとって、琵琶湖はいうまでもなくそのアイデンティティーを象徴する自然資源であることは言うまでもありません。身近には近畿1450万人の生活を支える「いのちの水」としてかけがえのないものですが、さらには世界三大古代湖の一つとして、日本全体さらには世界にとっても貴重な自然資産であります。これを健全な形で保全し、後世に伝えていくのは、滋賀県に課せられた重大な使命です。

「滋賀県琵琶湖環境科学研究センター」は、その使命を全うするために必要な科学的データを収集・解析する役目を担う滋賀県の機関として、2005年に発足したもので、今年で15周年を迎えることになります。その前身となる二つの組織（滋賀県琵琶湖研究所および滋賀県立衛生環境センター・環境部門）が蓄積してきた研究資産の上に、この15年間に当研究センターとして新たに蓄積したものを積み重ね、多くの研究成果を集積してきました。

「センターの調査・研究内容」として、琵琶湖の保全という使命を全うするためには、湖そのものだけではなく、これを取り巻く流域社会が真に環境面で健全であるための研究も包含しなければなりません。そこで、当研究センターでは、発足当初から、「琵琶湖の水環境保全」と「滋賀の持続可能社会のあり方」という大きく二つのテーマについての研究を併せて行ってきました。その成果は学会誌を始め各種の情報メデイアでも発信してきましたが、15周年を迎えたこの機会に、さらに広く県民の皆さんに分かり易い形でお伝えするべく、この冊子を刊行することとし

早春の比良の山々（写真提供：（公社）びわこビジターズビューロー）

ました。これが契機となって、当研究センターの活動成果が多くの方々に届き、いろいろな場面で活用していただけることを願っています。

2020年3月1日

滋賀県琵琶湖環境科学研究センター長

内藤　正明

まえがき

　滋賀県琵琶湖環境科学研究センターの業務には、琵琶湖のモニタリング（定期観測）があります。当研究センターの環境監視部門が行う琵琶湖の定期観測は、国土交通省や水資源機構と分担して、毎月1〜2回の頻度で北湖、南湖、瀬田川を含めた40地点（センター担当は11点）を実施しています。この観測は、2018年度で40年間続いています。それ以外にも、当研究センターの研究員によって、研究の一環として水温や水質、生物などの様々なモニタリングを行っています。

　私たちは日々琵琶湖を見続けていますが、それでも飽きることがありません。湖は日々違った表情を見せてくれます。季節の移り変わりがあり、湖を取り巻く環境の変化があり、それは、まさに琵琶湖自身が生きているかのようです。

　自然界の動植物には季節の移り変わりにともなう行動や状態の変化がありますが、琵琶湖にも同じように季節の移り変わりにともなう状態の変化があります。

　春には植物プランクトンの増殖によって湖面の色が緑へ変わります。

　夏には、生き物の活発な姿がみられ、南湖では水草の成長もあります。

　夏から秋には、河川へ上る魚の姿が見られます。

　冬には、琵琶湖の深呼吸があります。

　この本には、そのような琵琶湖の季節のリズムが紹介されています。一年間の自然の流れをつかむことは、時間軸も入れて湖を立体的に理解し、保全のあり方を検討していく上で重要な手がかりとなります。

　琵琶湖について紹介する書籍はたくさんありますが、湖のそばにいる時に役立つ本を作りたいと考えました。各章を当研究センターの研究員

竹生島とエリ（写真提供：（公社）びわこビジターズビューロー）

が分担して執筆しています。琵琶湖に来られた方、まだ見たこともない方、もちろん琵琶湖の近くに住んでいる方にも、湖のそばにきて湖面を眺めたときに、水の表情や水中にすむ生物のことを想像してもらい、琵琶湖が生きていることを実感してほしいと思います。

　琵琶湖では、改善されてきた環境問題がある一方で、新たな問題も発生しています。湖がそうなっているのは、自然の力だけでなく、人の営みの結果でもあります。この本が、湖を見つめ、美しく豊かな琵琶湖を取り戻す活動がさらに大きく広がるきっかけとなれば幸いです。

滋賀県琵琶湖環境科学研究センター

総合解析部門　副部門長　早川　和秀

目次

1

琵琶湖へのいざない

満々と水を湛え、視野一面に広がる琵琶湖
湖を囲むようにそびえる緑豊かな滋賀の山々
歴史ある町並みと豊かな自然が四季折々に美しい情景を彩る

琵琶湖が見せる自然の清浄で美しい風景には、目を奪われることがしばしばですが、そんな琵琶湖の水や生き物のことを、皆さんご存じですか？

この湖には、多様な湖岸があり、浅い水辺から深い湖底があり、それらの場所で多様な生き物が棲んでいます。多様性は生き物だけでなく、それを支える水にも仕組みが隠されています。

さあ、一緒に琵琶湖の水の世界を眺めてみましょう。

堅田の浮御堂（写真提供：（公社）びわこビジターズビューロー）

琵琶湖大橋（写真提供：（公社）びわこビジターズビューロー）

琵琶湖北湖　撮影：早川和秀

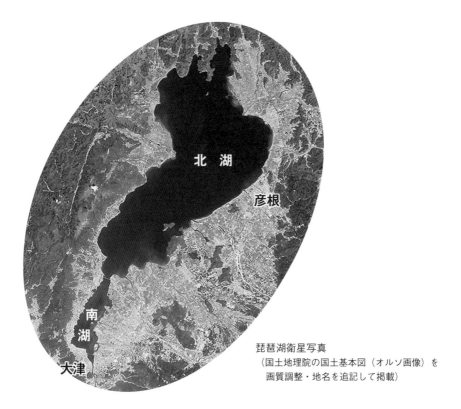

琵琶湖衛星写真
（国土地理院の国土基本図（オルソ画像）を
画質調整・地名を追記して掲載）

琵琶湖の諸元

琵琶湖の大きさ

- 南北の延長……………………… 63.49km
- 最大幅………………………………22.8km
- 最小幅………………………………1.35km
- 琵琶湖の湖岸線の延長……… 235.20km
- 面積…………………………………670.25k㎡
  （面積比 南湖：北湖＝1:11）

琵琶湖の水深

- 南湖の平均……………………… 約4m
- 北湖の平均 ………………… 約43m
- 全体の平均 ………………… 約41.2m
- 最大深 ………………… 103.58m

その他

- 貯水量275億㎥（南湖2億㎥、北湖273億㎥）
- 最高水位 ………… 3.76m（1896年9月13日）
- 最低水位 ………… −1.23m（1994年9月15日）
- 湖面標高……………………………… 84.371m
  （大阪湾の干潮位からの高さ：
  　　　　　　　　　　85.614m）　基準水位±0
- 琵琶湖の集水域の面積……………… 3,174k㎡
- 琵琶湖へ流入する一級河川の数……… 119本
- 琵琶湖流出河川、水路………………… 3本
  （瀬田川、琵琶湖疏水、宇治発電所用水路）

2

変化する湖岸

現在の湖岸は、昔の姿から大きく変化しました。

ゆっくりとした変化から急激な変化へ

琵琶湖は、今から約400万年前に伊賀盆地で生まれ、周辺山地の隆起と盆地の沈降という地殻変動により拡大と縮小を繰り返しながら、徐々に北へ移動し、数十万年前には現在の位置に達したと考えられています[1]。そして、琵琶湖の湖岸では、河川が運んだ砂礫が堆積して三角州が形成され、砂浜 (礫浜) が形成されてきました。河口周辺の湖岸では、内湖や低湿地が形成されることもありました。内湖は、もとは琵琶湖の一部だったものが、沿岸流や河川から運ばれた土砂の堆積によって琵琶湖と隔てられ、独立した水域になった潟湖 (ラグーン) です[2]。内湖は、水深が1、2m程度で、波浪が小さく豊富な抽水植物と沈水植物 (11章参照) を有し、魚類の繁殖場所としても重要な場所でした。

こういった湖岸環境の形成・変化は、気の遠くなるほどの長い時間をかけてバランスがとられてきたものですが、現在、私たちの人間活動がもたらす環境の変化はあまりにも急激であるため、生態系に深刻な影響を与えています。ここでは地形環境の変化に注目し、現地調査結果や古い時代の地図などを電子データ化したものを用いて、GIS (地理情報シス

砂浜湖岸

礫浜湖岸（砂浜湖岸の一部）

山地湖岸（岩石湖岸）

植生湖岸

人工湖岸1

岩礁湖岸（竹生島、多景島、沖の白石）
（山地湖岸の一部）

人工湖岸2

人工湖岸3

写真2-1　代表的な琵琶湖の湖岸景観　各湖岸名については表2-1参照

テム)により湖岸類型、湖岸線の長さ、内湖面積およびヨシ帯面積の変化などを調べた結果を紹介します [3]。

多様な湖岸景観

　琵琶湖は、多様な湖岸景観をもつことが大きな特徴となっています。これらの景観は、陸側が山なのか平野なのか、河川や沿岸流で運ばれた土砂の堆積のしかた(砂浜、礫浜など)がどうなのか、植物群落(ヨシなどの抽水植物など)が多いのかによって形づくられています(写真2-1)。さらに、近年は、構造物で人為的に改変された湖岸が加わります。

　2007年に現地調査を行い、表2-1の類型にもとづいて、琵琶湖の湖岸景観の類型区分を行った結果が図2-1です [4]。その結果、琵琶湖湖岸全体では、自然湖岸が61%(内訳は砂浜湖岸:30%、山地湖岸:17%、植生湖岸:14%)、人工湖岸が37%、その他が2%でした。ただし、南湖岸だけでみると人工湖岸の割合が73%にもなり、北湖に比べて南湖岸の人工湖岸の割合が著しく多くなっていました。

表2-1　湖岸類型

砂浜湖岸	湖岸線付近が砂浜や礫浜等の未凝固堆積物からなる湖岸
山地湖岸	背後の山地斜面に面し傾斜の大きな湖岸
植生湖岸	汀線部に抽水植物やヤナギ類等多様な植物からなる植生帯が成立している湖岸
人工湖岸1	コンクリート、石、その他の構築物で人為的に改変された湖岸
人工湖岸2	砂浜湖岸に修復・整備(養浜・ビーチ化等)した人工湖岸
人工湖岸3	植生湖岸に修復・整備(ヨシ植栽・園地化等)した人工湖岸
水面	川幅が約20m以上ある流入河川の河口部

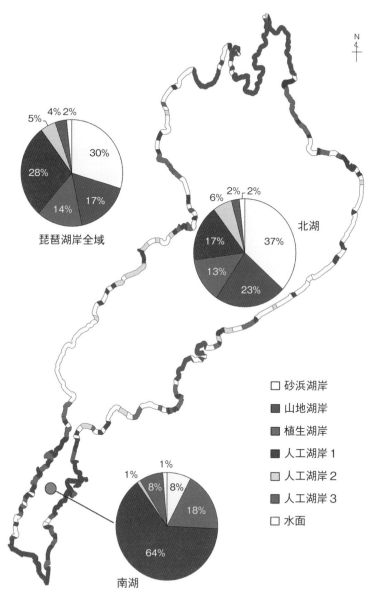

図2-1　湖岸類型の分布（2007年）

凡例：
- □ 砂浜湖岸
- ■ 山地湖岸
- ■ 植生湖岸
- ■ 人工湖岸1
- □ 人工湖岸2
- ■ 人工湖岸3
- □ 水面

琵琶湖岸全域：30%、17%、14%、28%、5%、4%、2%

北湖：37%、23%、13%、17%、6%、2%、2%

南湖：8%、18%、64%、8%、1%、1%

過去100年間の湖岸線の変化

　明治時代の湖岸線は、周囲に多くの内湖が点在し、極めて複雑で入り
組んだ地形でした（図2-2）。しかしながら、現在は、内湖干拓や湖岸堤
の建設などにより、直線的な湖岸線に変化しました。

　琵琶湖岸線の総延長は、1890年代では約246kmでしたが、1990年代で
は約233kmと約13kmだけ小さくなりました。その減少率は1890年代の
5.3％にとどまり、極端に小さくなったわけではありません（表2-2）。一方、
内湖の湖岸線は、1890年代の総延長が約256kmでしたが、1990年代は約
84kmとなりました。減少した湖岸線は172km、その減少割合は67.2％に
もなりました（表2-2）。つまり、かつての琵琶湖は内湖が存在すること
によって入り組んだ複雑な湖岸地形を形成していましたが、近年は、内
湖が失われたことにより湖岸地形が単純化したといえます。

表2-2　琵琶湖の湖岸線総延長の変化

	1890年代	1990年代	減少量	減少率
湖岸線（琵琶湖本湖のみ）	246km	233km	13km	5.3%
湖岸線（琵琶湖内湖のみ）	256km	84km	172km	67.2%
湖岸線（琵琶湖本湖＋内湖）	502km	317km	185km	36.9%

湖岸線の総延長は、各時代の地形図で判別できる港湾等の人工的構造物に関連する湖岸線も含めて
トレースして計測した

図2-2　1890年代の内湖の分布および1890年代と1990年代の湖岸線の位置.

　1890年代の内湖と湖岸線は、正式二万分一地形図集成（柏書房、2001）より作成、
1990年代の湖岸線は国土地理院の数値地図25,000「地図画像」より作成

琵琶湖の面積変化

次に1890年代から1990年代までの琵琶湖の面積変化を調べた結果を示します（図2-3）。内湖を除いた北湖（本湖）面積は、1890年代は627.9km²でしたが、近年では618.0km²となり、9.9km²減少していました。また、北湖周辺の内湖面積は34.9km²から4.0km²となり、減少は30.9km²と88.5％の内湖面積がなくなりました。一方、南湖（本湖）は、1890年代は60.2km²でしたが、近年では50.7km²となり、約15.8％も小さくなりました。

平均水深が約4mの南湖および北湖周辺の内湖の面積減少が大きいことは、琵琶湖全体でみた場合、とりわけ浅い水域が大きく減少したことを意味します。1890年代から1990年代までの水深3mより浅い水域面積を見積もると、1890年代はおよそ87.0km²、1990年代では36.8km²で、減少率は約58％でした [3]。このことは、特に沿岸域に生育、生息する動植物のすみ場や環境が過去100年の間に激減、激変したことを示しています。

ヨシ帯面積の減少

表2-1、図2-1で示した類型区分の一つである植生湖岸は、ヨシなどの抽水植物が多く繁茂する湖岸のことですが、多様な生物の生育・生息・繁殖の場として重要な湖岸域です。ヨシなどの抽水植物帯は、自然の遷移によっても消長しますが、近年は、湖岸の埋立て、内湖の干拓、湖岸堤の建設などの人為的影響により大きく変化してきました。

かつての内湖の湖岸にどれくらいのヨシ帯が広がっていたのかは、これまではっきりとわかっていませんでした。そこで、最も古い時代（1940年代末）と近年（2000年）の航空写真を用いて、琵琶湖を本湖と内湖の湖岸に分けてヨシ帯面積の変化を調べた結果を簡単に紹介します [3]。

1940年代末におけるヨシ帯面積は、琵琶湖が2.94km²、内湖が2.20km²で、合計5.14km²となり、当時は、琵琶湖全体のヨシ帯の約43％が内湖にあり

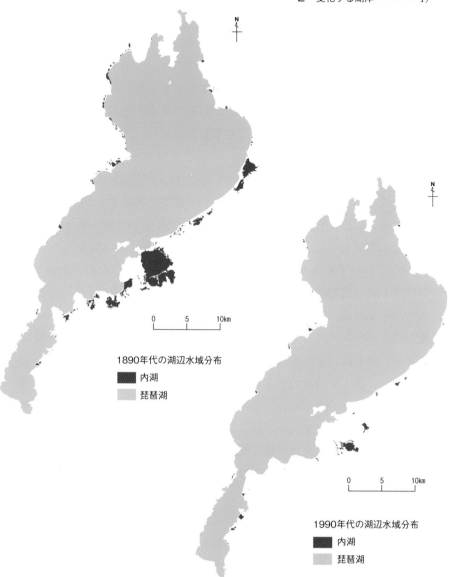

図2-3　1890年代と1990年代琵琶湖と内湖の分布.
左図は正式二万分一地形図集成（柏書房、2001）より作成、右図は
国土地理院の数値地図25000「地図画像」より作成

ました。また、南湖においては、本湖の湖岸にヨシ帯が広がり、面積は約0.73k㎡でした。つまり、内湖を除く琵琶湖岸においては、面積で約25％のヨシ帯が南湖岸にあったことになります。そして、内湖を含む琵琶湖全域のヨシ帯面積は5.14k㎡あったわけですが、近年は2.47k㎡に減少しており、減少率は約52％にもなりました。

湖岸の水辺環境の修復に向けて

　湖岸域は、多様な動植物のすみ場として重要な場所ですが、これまで示したように、土台となる地形環境や景観が大きく変わってきました。琵琶湖の環境変化は、沿岸の浅い水域とそれに接するエコトーン（水陸移行帯）においてもっとも著しかったといえます。そのため、かつての琵琶湖と同じ地形環境に戻すことはとても困難なことです。

　しかしながら、かつての琵琶湖が持ち合わせていた原風景、かつての地形環境をヒントにして、水辺環境の修復のしかたを検討することはできます。例えば、ヨシ帯は、かつては内湖や南湖に多くありました。このことは、浅くて波浪の小さい湖岸がヨシ帯の生育に適していた可能性を示唆します。そのため、ヨシ帯を植栽する前に、そのような湖岸に修復することが重要です。マクロな地形修復は難しいとしても、人工湖岸化で急勾配になったものを緩勾配にするとか、湖岸堤の陸側に小さな内湖をつくるなどといった、ミクロな修復は実現できる可能性はあります（図2-4）。

　ただし、現在の琵琶湖では、生態系や水質の状況が異なっていますので、修復により予期しない結果が生じることがあります。かつてなかった外来植物との生育場の競合というような新たな問題も加わっていますので順応的に取り組むことが重要です（写真2-2）。

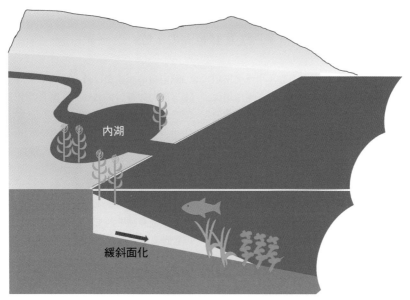

図2-4　湖岸の地形環境修復のイメージ図

写真2-2　湖岸堤によって内湖化した赤野井湾の小津袋
小津袋にはヨシ帯が広がるが、最近は、侵略的外来植物のオオバナミズキンバイやナガエツルノゲイトウの繁茂が著しくなり、駆除活動が行われている。

コラム❶ 琵琶湖の水位

　琵琶湖から流出する河川は瀬田川のみです。南湖の出口から瀬田川に沿った約4.7km下流に水位や水量を調節する瀬田川洗堰があります（写真C1）。今日では瀬田川洗堰にて河川放流量を調整することで琵琶湖の水位を管理しています。

　現在の洗堰の操作は、国土交通省によって瀬田川洗堰操作規則に基づいています。雨が多い洪水期（6月16日〜10月15日）には、琵琶湖周辺や下流地域の洪水に備えて湖の水位を基準水位-0.2cmまで低くします。雨が少ない非洪水期（10月16日〜6月15日）には基準水位+0.3m以下を維持しますが、渇水時には、基準水位-1.5mまでの範囲で、下流の淀川流域の利水や河川流量維持に配慮した水位調整をされます（図C1）。

　瀬田川の放流量は最大800㎥/sの流下能力を持っており、琵琶湖の水位を1日で約0.1m程度下げる能力に相当します。洗堰は琵琶湖や淀川流域の治水・利水に配慮された操作が行われていますが、操作は琵琶湖の生物の生息環境の季節変動にも大きく関わっています。そのため、自然の水位変動を踏まえた弾力的な水位管理も求められています。

写真C1　瀬田川洗堰
（出典：びわ湖ビジターズビューロー）

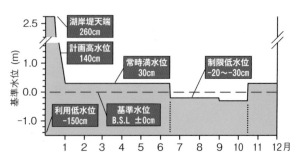

図C1　瀬田川洗堰の操作（出典：国土交通省資料 [5]）

3

琵琶湖とその集水域の気象と水循環

　琵琶湖の水は、陸上に降り注いだ雨や雪（降水）の水が、地表を流れたり地下に浸透したりしながら集まって川となり、琵琶湖へ流れ込んだものです。琵琶湖に降水が流れ込む地域（集水域）では、一年を通じて比較的安定した降水量があり、琵琶湖の豊かな水資源を支えています。また、琵琶湖集水域における水の移動（水循環）は、琵琶湖へさまざまな物質を運び、水質や生態系に影響を及ぼします。本章では、琵琶湖へとつながる水の旅路をたどります。

琵琶湖をとりかこむ盆地状地形

　琵琶湖集水域は、琵琶湖を中心に、沖積平野、丘陵地および山地が順に同心円的に囲んだ「近江盆地」と呼ばれる地形を形成しています（図3-1）。近江盆地の外側は、標高1,000m級の伊吹山地、鈴鹿山脈、比良山地と、標高1,000m以下の野坂山地や田上山地によって囲まれ、琵琶湖集水域の境界（分水嶺、流域界）となっています。この近江盆地の地形が、琵琶湖集水域における気候特性と気象現象の地域差や、自然環境の多様性を生み出す役割を果たしています。

近江盆地は気候の交差点

　世界の気候の分類では、中学校や高校の地理の教科書にも載っているケッペンの気候区分が有名です。それによると、北海道や沖縄の先島諸島などを除く日本の大部分は温帯湿潤気候に区分されます。しかし、日

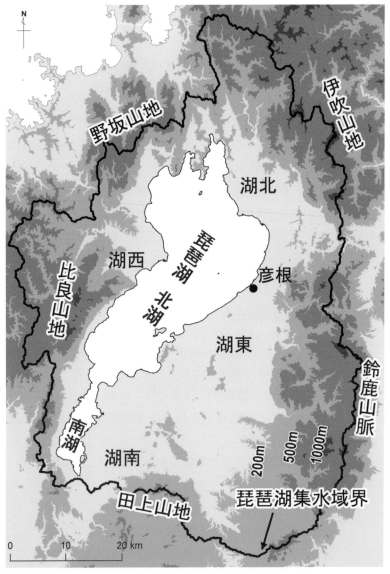

図3-1　琵琶湖周辺の地形．実線は琵琶湖集水域界．背景色は標高分布を示し、濃いほど高い．国土地理院基盤地図情報「数値標高モデル10mメッシュ」に基づく

本における降水の季節変化には地域差があり、ケッペンの気候区分では表現できないため、日本独自の気候区分法が提唱されてきました[1]。それによると、琵琶湖集水域は、日本海型気候区（東北・北陸型気候区）、瀬戸内型気候区、太平洋型気候区（東海型気候区）という、３つの気候区がうつり変わる境界付近に位置します。言わば「気候の交差点（三叉路）」にあたるのです。このことは、琵琶湖集水域の中でも、場所によって気候特性が異なるだけでなく、時折、隣接する別の気候区に特有の気象現象が現れることを意味します。大つかみには、本州の日本海側、瀬戸内、太平洋側を分ける山脈のつながり（脊梁山脈）が近江盆地で途切れていることに由来していて、３つの気候区の降水特性が同居しているといえます。

　年降水量は、北部、西部および東部の山間部で多く、北部では2,000〜3,000mmに達します（図3-2A）。一方、南部では1,500mm以下の地域もあり、少なくなっています。南部を除き、近江盆地を囲む山地で年降水量が多いことには、同心円的に広がった近江盆地の地形分布が影響を及ぼしているといえます。

冬の大雪

　一方、冬季３か月間の降水量は、北部ほど多く、南北の差が大きくなっています（図3-2B）。北陸地方から続く多雪地帯の最南端に位置する琵琶湖集水域北部では、冬の北西季節風にともなう降水（降雪）が卓越しています。北部の野坂山地や伊吹山地では、多いところで２m以上の積雪を記録することも珍しくありません（写真3-1、写真3-2）。大きな脊梁山脈が途切れた近江盆地には、北西季節風による雪雲が内陸まで流入しやすいため、風向が少し変わるだけで降雪の範囲が変わりやすくなっています。その範囲により、近江盆地の降雪は、「北雪」、「中雪」、「南雪」の３つのタイプに大きく分けられます[2]。季節風の西風成分が大きい時には最北部に降雪が集中します（北雪）。北風成分が大きいと、野坂山地の風

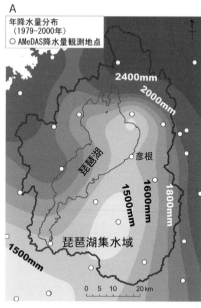

A

年降水量分布
（1979-2000年）
○ AMeDAS降水量観測地点

図3-2　琵琶湖集水域における降水量の分布
（1979～2000年平均値）
A：年降水量
B：冬季3か月（12～2月）
C：夏季3か月（7～9月）
気象庁AMeDAS降水量観測データに基づく

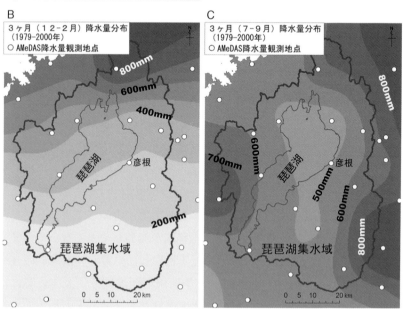

B

3ヶ月（12-2月）降水量分布
（1979-2000年）
○ AMeDAS降水量観測地点

C

3ヶ月（7-9月）降水量分布
（1979-2000年）
○ AMeDAS降水量観測地点

写真3-1　冬の野坂山地．手前の岩壁は明王の禿、遠方の山は赤坂山（標高824m）

写真3-2　冬の伊吹山（標高1,377m）の雪の大斜面

下側に琵琶湖と近江盆地の低地が広がるため、南部まで雪雲が侵入し湖東南部や湖南で大雪になることがあります（南雪）。それらの中間タイプの中雪の降雪では、関ヶ原付近の伊吹山地と鈴鹿山脈の間にある、狭い尾根のくぼみ（鞍部）を通り抜ける雪雲が、風下の濃尾平野にまで大雪をもたらすことがあります。

　実は、日本における観測史上最深の積雪が記録された場所は、日本海型気候区の典型的な豪雪地帯である北陸地方でも東北地方でもなく、伊吹山の山頂（測候所は現在廃止）です。1927年に11.8mという驚くべき積雪深が記録されています[3]。

夏の大雨

　夏季3か月間の降水量は、年降水量の分布に似て同心円的になっています（図3-2C）。琵琶湖集水域では、夏を中心とした暖候期には、紀伊半島南部、四国南部など、太平洋型気候区（南海型気候区）の多雨地帯より降水量が少なくなっています。これは、大まかには、近江盆地が内陸に位置するため、台風の通過時や前線の停滞時に南方海上からの暖かく湿った気流が直接届きにくいためです。

　ただし、もう少し詳しくみると、湖東の鈴鹿山脈付近で降水量が800mm以上あり、突出してはいませんが最も多くなっています。これは、台風が南方海上にある時などに、南東よりの暖かく湿った気流が近江盆地東側の鈴鹿山脈にぶつかり、地形によって強制的に空気が上昇する効果が加わるため、雨雲が非常に発達してこの地域に大雨をもたらすことがあるためです。次節に示す琵琶湖の観測史上最高水位を記録した1896年（明治29年）9月の琵琶湖大洪水は、この大雨をもたらす気象現象が関係しています。

N

0 5 10km

― 1890年代の湖岸線
■ 1890年代の内湖
░ 1896年(明治29年)洪水の浸水域

図3-3 琵琶湖の観測史上最高
水位を記録した、1896年9月の
洪水による浸水域. 浸水域は文
献[4]の附図に基づく.

琵琶湖の観測史上最高水位 +3.76mをもたらした大雨

　琵琶湖の水位は、流入量から流出量と湖面蒸発量を差し引いた、水収
支で決まります。したがって、大雨で流入量が増えても流出量を増やせ
ば水位上昇を抑えることができます。

　しかし、1900年代までは、琵琶湖の唯一の流出河川である瀬田川に土
砂が著しく堆積していたため、流すことのできる洪水の規模(疎通能力)が
小さく、大雨が降ると琵琶湖の水位が極端に上昇しやすい状態でした。
琵琶湖の観測史上最高水位は、1896年(明治29年)9月12日に記録された、
琵琶湖基準水位[B.S.L.:東京湾平均海面(T.P.)からの標高 +84.371m]
+3.76mです。近年の水位は、ほとんどB.S.L. 0±1mの範囲に収まってい
るので、驚くほど高い水位だったことが分かるでしょう。この時、琵琶
湖周辺は大洪水に見舞われ、浸水面積は約150km²に及びました[4](図3-3)。
この大洪水をもたらした大雨とは、どのようなものだったのでしょうか。

　当時の限られた気象資料に基づく降水量の分布図[5](図3-4)を見ると、

琵琶湖集水域の全体で降水量が多かったのではなく、湖東の鈴鹿山脈に沿った地域に降水が集中していたことが分かります。この大洪水の期間には、本州付近に停滞する前線と、南西海上から本州に近づく台風があったと推定されています [5]。この期間の降水量の分布は、紀伊半島南部の南東斜面でよくみられる降水量の分布と似ています。このことから、琵琶湖に観測史上最大規模の大洪水をもたらした大雨は、伊勢湾方面からの暖かく湿った南東気流が鈴鹿山脈の東側斜面を上昇し、雨雲が猛烈に発達したことによるものと考えられます。

　この大洪水は極端な事例ですが、湖東の鈴鹿山脈付近では、時折、太平洋岸の南海型気候区に特有の大雨が発生します。そのため、琵琶湖集水域の中でも湖東で、暖候期の降水量が最も多くなると考えられます。

　かつて、湖東を流れる野洲川と愛知川は、それぞれ「近江太郎 [6]」、「人取川 [7]」と呼ばれた、いわゆる暴れ川でした。これらの河川が歴史的に洪水を繰り返してきたことは、これまで述べた湖東の降水特性と関連するのです。

琵琶湖とその集水域の水環境を守るために

　これまで述べたように、琵琶湖集水域の降水特性は、地域によって異なります。そのため、一年を通じて集水域のどこかで降水があり、琵琶湖の豊かな水資源を支えています。特に、冬には、南部では降水量が少なくなりますが、北部では降水量（降雪量）が多くなり、琵琶湖への流入量の維持に重要な役割を果たしています。また、冬の積雪は地表に水を蓄積し、春の初めから融雪により水を放出することで、言わば「天然のダム」としての役割を果たすことも重要です。琵琶湖集水域の積雪量は、年により大きな差がありますが、多い年で20億 t（積雪の水量換算値）、琵琶湖貯水量の約15% にもなります [8]。

　さらに、融雪により、酸素を多く含んだ冷たい水が河川を下り、琵琶

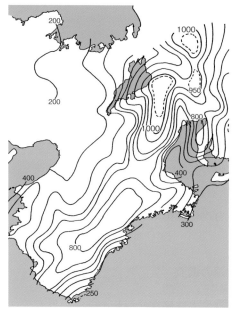

図3-4
1896年9月6〜12日の降水量の分布
文献 [7] の図-7を転載

湖に注いで深層部へ潜り込むことが、深層部への酸素を供給する役割の一端を担っています [9]。雪は、琵琶湖の水資源だけでなく、水質や生態系にも影響を及ぼしているのです。

　ここまで、琵琶湖集水域における自然の水循環に焦点を当ててきました。しかし、暖地性積雪地帯である琵琶湖集水域の降水は、気温が少し変わるだけで、雨になるか、雪になるかが変わります。もし地球温暖化が進めば、冬の平均気温がわずかに上がるだけで、積雪量が著しく減る可能性があります。そうならないように、私たち一人一人にも日々の生活の中でできることとして、例えば省エネルギーや資源の再利用、ごみの減量に努めるなど、地球環境の保全に気を配る必要があります。

　また、実際の水循環において、私たちは琵琶湖に注ぐ河川の水を農業、工業、生活に利用しているため、河川の水量は自然の状態ではありません。琵琶湖とその集水域の生態系を保全、再生するためには、自分たちの水の利用が水循環に及ぼす影響について考えることも必要です。

4

ダイナミックな湖水の流れ

　湖岸や船上から眺める琵琶湖は、一見静穏であるように思われますが、内部ではダイナミックな水の流れが起きています。湖水の流れには、環流、内部波などによる周期的な流れ、密度差による密度流および風による吹送流などがあります。

広くて深い湖だから見られる琵琶湖の環流

　琵琶湖北湖には、春から秋にかけての成層期に回転の向きの異なる3つの環流が存在することが知られています。環流とは、広い水域をある程度の強さで一定の期間続く大きな渦流です。1925年の夏、神戸海洋気象台による流速計と気泡を用いた調査により、三つの環流が琵琶湖で初めて発見され、北から第一環流、第二環流および第三環流と名付けられました [1]。その後、滋賀大学による水温分布調査や浮標を用いた流況調査 [2]、琵琶湖環境科学研究センターによる超音波で流れを計測できる機器（ADCP）を用いた調査研究によって、この環流の実態が明らかになりました（図4-1）。

　第一環流は北湖の広い部分で発達する反時計回りの環流で、琵琶湖では最大かつ安定した流れです。春から秋にかけての水温成層期に表層だけに存在し、速い流れの場所もありますが、全体として毎秒10cmぐらいの流れです。レコード盤上の動きのように周辺で早く中心に近づくほど遅くなる流れではなく、台風などと同じように、中心近くでも強い流れがあります。このことは成層期に表層の水質が水平方向に均一である理

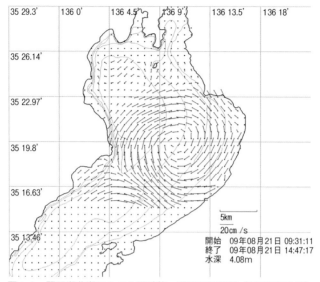

図4-1　琵琶湖北湖における夏季第一環流の観測例（2009年8月）

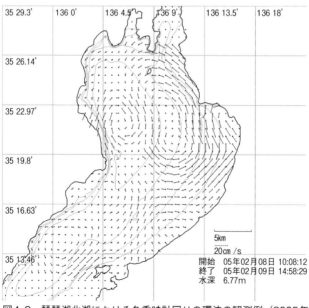

図4-2　琵琶湖北湖における冬季時計回りの環流の観測例（2005年2月）

由となります。

　また、冬にも環流が存在します(図4-2)。この環流は、時計回りで、夏の環流ほど安定して存在しないようですが、冬に酸素が豊富な沿岸の水を沖合に運ぶ流れとして注目されます。

　環流が起きる原因は、風によって吹き送られる流れや水温が温まるときの熱流動によるといわれます。そのように形成された水の流れが琵琶湖の大きさゆえに地球の自転効果を受けるわけで、日本国内の他の湖沼に類を見ない流れです。

広く大きく揺れる境界：水面と水温躍層の振動

　表面静振とは湖面の振動(周期的な変化)です。例えば、浴槽に水を張り風呂桶で片方に水を送ると水面は複雑に揺れますが、しばらくすると左右に大きく揺れる動きだけが残ります。水面は数秒の周期で規則正しく上下し、水中に漂うものがあれば水面の動きに合わせて左右に揺れます。

　このような水面の振動や往復する流れは琵琶湖にも起こります。湖盆の形態と水深によって決まる固有の周期を持っていて、例えば、琵琶湖の表面静振は約４時間の周期です。その発生原因は主に風による吹寄せです。風が収まったり風向が変わったりすると湖水は元に戻り始めて振動が起こりますが、次第に減衰していきます。

　図4-3は、南湖の北端に位置する堅田および南端の鳥居川の水位の変化です。鳥居川では、９月14日12時から15日８時頃にかけて、振幅は数cmですが約４時間周期の規則正しい振動が見られます。一方、堅田の水位にははっきりした振動は見られません。これは、鳥居川が水位の振動の腹に当たり堅田は節に当たるからです。

　内部静振とは、春から秋にかけて湖の内部にできる水温躍層を境界として上下２層が振動する内部運動のことです。風によって表層水が風下に吹き寄せられ水温躍層が風下に傾きます。その後、風が収まり水温躍

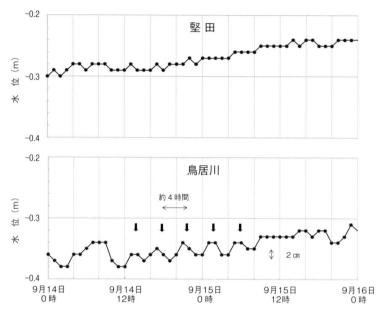

図4-3 表面静振によって生じた南湖の水位変化 （2018年）
太矢印は振動の山の位置を示す. データは国土交通省水文水質データベースより取得

層が元の水平方向に戻ろうとする時に、振動が発生します（図4-4）。この振動波を内部波と呼びます。内部波の移動に伴って流れが生じて、上層と下層では流向が反対になり、両層ともに半周期ごとに流向が反転します。

この内部波（内部ケルビン波）は、数値計算によると、水温躍層の傾斜による圧力勾配と地球自転の影響（コリオリの力）とのバランスにより、夏

図4-4 内部波の概念図 （鉛直断面）

には約２日の周期で湖を反時計回りに伝播します。その振幅は湖岸近く
で大きくなり、それに伴う流れも、時間とともに反時計回りの方向に回
転します（図4-5）[3]。

　実際の観測例を図4-6に示します。北湖の水深18mでの水温の変動は、
内部波による水温躍層の振動を表しています。８月７日、９日、11日、
大きなピーク（図の青矢印）から、その周期が約２日であることが分かります。

沈み込む流れ：密度流

　密度の異なる水塊（水のかたまり）が互いに接触すると、密度の小さい
水塊が上層にのり、密度の大きい水塊が下層に沈み込んで、成層した状
態を作り出すような流れが起こります。これが密度流です。例えば、春
先に、姉川の融雪水が琵琶湖の深水層に潜る現象は典型的な密度流です
（写真4-1）。この流れは、湖底に酸素を供給する役割の一部を担っている
と考えられ、生息する生物の保全や深水層の水質回復に役立ちます。

写真4-1　姉川河口から融雪水が湖へ流入する様子。写真右端が姉川河口で、融雪水（濁水）
が写真左側へ潜り込んでいる．密度流の１つと考えられる．（撮影: 2004年２月　早川和秀）

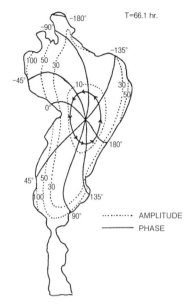

図4-5　数値実験によって求めた北湖の
内部波の振動模式．文献[3]より転載

写真4-2　鳥居川水位観測所
瀬田唐橋から瀬田川中之島の東岸を見る．手前は
量水標、奥の小屋に自記水位計が設置されている．

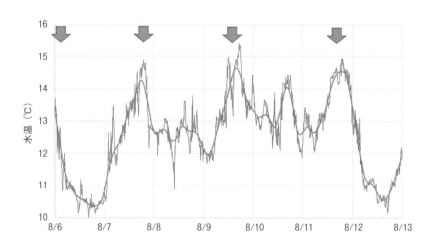

図4-6　2001年8月琵琶湖北湖の湖中観測塔（S局）における水深18m
　　　（水温躍層の中心）での水温の変化．青線は実測値、黄線は平滑化処理したもの

さらに、琵琶湖全体で考えると、冬に湖岸域の水が冷やされて重くなり、湖底の斜面に沿って沈み込んでいきます。琵琶湖の南北断面の水温の分布図(図4-7)で示すように、湖岸域で冷やされた湖水が、深底層に流れ下る様子がわかります。これも深底層への酸素を供給する現象です。

知られていない密度流として、南湖の水が北湖の深水層へ逆流する現象があります[2]。南湖は北湖に比べて浅いので、熱容量が北湖より小さくなります。そのため、冬には湖面の冷却により南湖が北湖に比べて冷えやすくなります。低温で高密度になった南湖の水は、北湖の深水層へ逆流するのです。

水質や生物のダイナミズムの源

琵琶湖におけるダイナミックな湖水の流れは、湖水の持つ熱エネルギーや水に溶けたり漂ったりしている物質の移動・拡散および収束を引き起こし、その水質の形成に大きく影響し、ひいては生物の生息にも影響を及ぼします。そのため、琵琶湖における主な湖水の流れ(環流、内部波などによる周期的な流れ、密度流、吹送流など)を知ることがとても重要です。

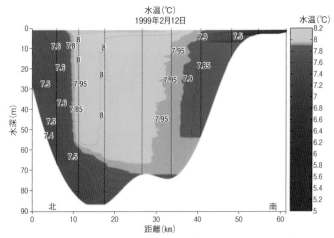

図4-7　琵琶湖における水温の南北断面分布図(1999年2月12日)

コラム❷ 水温躍層

琵琶湖では、春先になると湖面が暖められて次第に表面の水温が上がり始めます。しかし、深い層の水温は上がりません。やがて夏にかけてさらに水温が上昇すると、上の温かい水と下の冷たい水との境目に、水温が急激に変化する層が形成されます（図C2-1左の10〜20m付近）。これを水温躍層といいます。夏には、北湖の表層から15mまでは水温が最高で30℃前後になりますが、北湖の水深40mより深いところでは7〜8℃の水温のまま変わりません。

秋から冬になると、表面付近の水は冷やされて下層の水より低温・高密度となるため沈降し始めます。この対流により水温躍層は次第に深くなり、やがて、寒気の到来により表水層から深水層まで水温が一様になります（図C2-1右）。

この水温躍層で上下に隔てられた表水層と深水層は容易に混合しません。そのため、水中の振動や水質の違いなど、湖に様々な現象をもたらします。後に水温躍層は何度も出てきますので覚えておいて下さい。

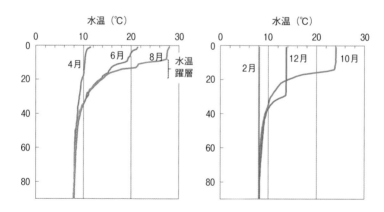

図C2-1　琵琶湖北湖の2016年度における水温の鉛直分布の季節変化

5

琵琶湖の深呼吸

報道でも伝えられる琵琶湖の冬の風物詩。
地球温暖化の影響が心配されています。

一年に一度起きる全循環

　琵琶湖では、春先になると湖面が暖められてしだいに水温が上がり始めます。夏にかけてさらに水温が上昇すると、北湖では水温躍層が形成されます(コラム2参照)。秋から冬になると、湖面付近の水は冷やされて沈んでいきます。冷たい水はより下層の水と混合するため、対流により水温躍層は次第に深くなります。やがて、水温躍層は湖底にまで到達して、表水層から深水層まで水温が一様になる全層循環となります(図5-1[B]2月)。さらに琵琶湖全体で考えると、冬に湖岸域の浅い水層の水が冷やされて重くなり、湖底の斜面に沿って沈み込んでいく現象も起こり(4章参照)、全循環が発生します。

琵琶湖の深呼吸

　ところで、水温躍層で上下に隔てられた表水層と深水層の水は容易に混合しません。このため、水温躍層が発達する季節には上下の層の水質には違いが現れます。例えば、図5-1[C][D]下段は、溶存酸素(DO)濃度の季節変化です。30m以深の深水層では、DO濃度は春から秋にかけて次第に減少します。これは、水温躍層があるため表水層からの酸素供給が断たれるとともに、水中や湖底の有機物の分解によって酸素が消費

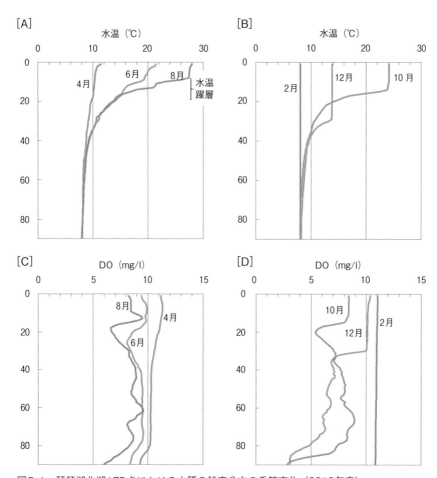

図5-1　琵琶湖北湖17B点における水質の鉛直分布の季節変化（2016年度）

されるためです。DO濃度の減少が深水層の中で一様でなく湖底付近で早いのは、湖底堆積物での酸素消費が活発なためです。

　なお、8月と10月の20m深付近に見られるDO濃度の部分的な低下は、酸素極小層と言われています。これは、表層から沈降したプランクトンなどが、水温躍層のところに滞留して分解される際に、その層の酸素が消費されるために起こる現象です[1]。

　図5-2に、北湖湖底のDO濃度の季節変化を示しました。その値は秋頃に最も低くなることが多く見られます。冬を迎えると、前述した全循環によって表層と深層の水は混合され、深層および底層のDO濃度は一気に回復します。この現象は「琵琶湖の深呼吸」とも呼ばれています。

湖底のDO濃度の変化

　図5-3は、湖底付近のDO濃度の年度最低値の経年変化です。滋賀県水産試験場による定点Ⅳ（水深80m、1958年以前は70m）での観測結果（青線）を見ると、1950年代から1970年代にかけて琵琶湖の富栄養化により年度最低値は著しく減少しました[3]。しかし、1980年代以降、その値は横ばい、ないしやや低下の傾向にあります。

　また、琵琶湖環境科学研究センターによって1979年から測定されている定点17B（水深90m）の湖底におけるDO濃度の年度最低値の変化（赤線）を見ると、2000年頃から、生物の生息に影響を及ぼし始める2 mg /Lを切る年がしばしば現れています。このため、湖底の水質や底生生物に悪い影響が生じるのではないか心配されています。

低酸素水域の不均一性

　琵琶湖北湖の第一湖盆内の深底部において現れるDO濃度が2 mg /Lを下回る水塊（低酸素水塊）について観測を重ねた結果、この低酸素水塊は空間的にも時間的にも変化することが分かってきました（図5-4）。低

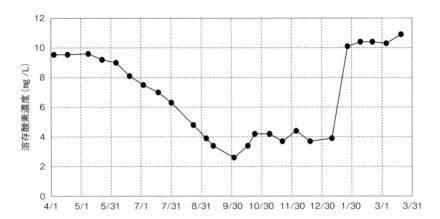

図5-2 2016年度 琵琶湖北湖17B（水深90m）における湖底直上１mの溶存酸素濃度（DO濃度）の季節変化. 滋賀県環境白書 [2] より作成

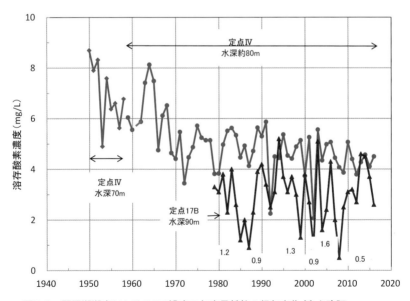

図5-3 琵琶湖湖底におけるDO濃度の年度最低値の経年変化 [4] を改訂
青線は、滋賀県水産試験場の定点Ⅳ（水深80m、1958年以前は70m）での観測データで、赤線は、滋賀県琵琶湖環境科学研究センターの定点17B（水深90m）の観測データである

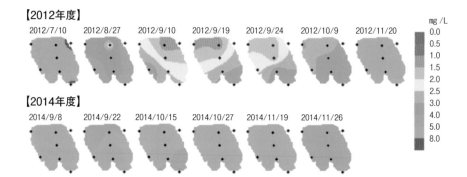

図5-4　北湖第一湖盆における深底部（水深90m）のDO濃度の水平分布 [5] を改訂.
2012年は低酸素水塊（酸素濃度が低いことを示す黄色からオレンジの部分）があり、
2014年は低酸素水塊がなかった（青色のみ）

酸素水塊が発生した年(2012年)と発生しなかった年(2014年)を比較すると、2012年には低酸素の水域が湖盆の北東に現れて北西に消えている様子がわかります(図5-4)。その理由を、数値モデルを使って説明しましょう。図5-5の左図は、秋(2016年10月27日)の南北断面におけるDO濃度の鉛直分布です。北西風が連吹すると、表層水が南に吹き寄せられて水温躍層(薄い緑色の部分)が南へ傾斜します。一方、濃い青の部分で示す低酸素水塊は、風の吹いていく方向とは反対側に集まります。また、図5-5の右図は、深底部におけるDO濃度および流れの水平分布です。やはり、低酸素水塊は風の吹いていく方向と反対側に集中します。これらの結果から、強風は深底部の低酸素水塊を移動させることが分かります。さらにこの動きは、内部波(4章参照)の影響を受け、約5日の周期で反時計回りに回転します。

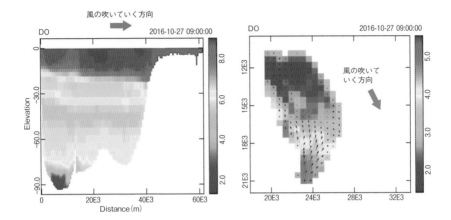

図5-5　琵琶湖におけるDO濃度の南北断面分布（左図）および第一湖盆における同水平分布（右図）[5] を改訂．→は流れのベクトル（大きいほど流れが強い）である

地球温暖化と琵琶湖への影響

　滋賀県においては、地球温暖化より平均気温が長期的に上昇しています。その因子として最高気温も上昇していますが、最低気温の上昇の方が顕著です [6]。図5-6はその最低気温の経年変化を表したものです。1965年〜2018年の54年間で3.9℃／100年で気温上昇しています。

　次に、琵琶湖への影響を見てみましょう。1980年から2016年までの37年間に、琵琶湖の表層水温の年平均値が3.5℃／100年で増加傾向にあることが分かります（図5-7）。

　水温の上昇は、琵琶湖の深呼吸にとってマイナスとなることがたくさんあります。

1）冬に表層水の水温が十分下がらず、底層との間の水温差が解消されず、

全循環が遅れる、または達成されないことが起こりえます。

2）水温が高いほど、水の密度差が大きくなるため、成層構造がより強固になり、冬に表水層から深水層まで湖全体で水温が一様になる全循環が起きるために必要なエネルギーが大きくなり、成層期間も長くなります。

3）30℃ぐらいまでの水温上昇は、生物の活性を上げ、植物にとっても生産増加となるため、水中のDO消費は高まります。

4）水温が高いほど、DOの飽和度が低下します。

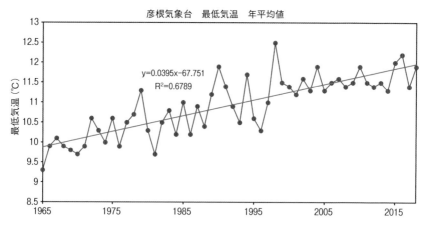

図5-6　1965年から始まった54年間の彦根気象台で観測された最低気温の年平均値の変化．文献 [6] より作成

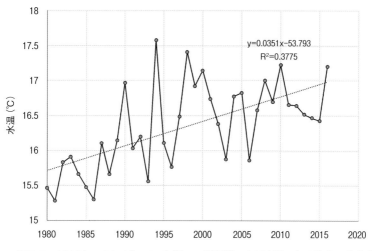

図5-7　1980年—2016年の37年間の、琵琶湖の表層水温の年平均値の変化 [2]

温暖化の対策を考えよう

　琵琶湖の将来予測に関するあるシミュレーションモデルでは、2030年代には、水温の上昇にともなうDOの低下と水質の悪化を予測したものもあります [7]。しかし、現時点で本当にそうなるかはっきりとは分かりません。琵琶湖の水温上昇は紛れもない事実で、私たちはこのことを冷静に受け止めるべきです。私たちが考えて行うべきことは、温暖化の対策であり、その原因物質である温室効果ガスの排出量を削減する緩和策、そして、水温の変化に対して生態系や社会・経済システムを調整するなどして温暖化の悪影響を軽減する適応策です。緩和策の効果が現れるには長い時間がかかるため、早急に大幅削減に向けた取り組みを開始し、それを長期にわたり強化・継続していかなければなりません。

6

湖の水は水色？　色と光からわかること

湖岸からあなたが見る琵琶湖の色は何色ですか？
青ですか、緑、それとも白？

琵琶湖の水色は変化する？

　湖の色は見る時々によって色が違います。朝夕は白っぽく見えますし、季節によって水色は緑が強かったり、青く澄んでいたりします。同じ場所から湖を見ても、季節や時刻によって水面の色が異なります(写真6-1)。水を見ると、中まで透き通って見えたり、浮遊する粒子に邪魔されて見えなかったりします。光が水にあたると、水分子や水に含まれる物質に特定の波長の光が反射して、それ以外の波長の光は吸収・散乱されます。見ている人の目には届いた反射光の波長が色として見えます。例えば純水では、水分子が赤色の光を吸収するため青色に見えます。コップに水を注いだ程度では薄くて青みは分かりませんが、プールのように厚みが増すと分かります。琵琶湖の水は純粋な水ではなく、様々な物質が溶け、粒子が浮遊しています。粒子にはプランクトンなどの生き物も含まれます。一般に湖沼の水面の色は、1）水分子による光の吸収や散乱、2）水中の物質（水中の懸濁粒子やプランクトン、溶存物質）による光の吸収や散乱、3）浅瀬では、湖底や水中の水草などによる光の吸収や反射、散乱、4）周囲の景観の写り込みや太陽光の直接反射などにより決まります。

　本章では、琵琶湖の色や光についてお話します。

写真6-1　1日における琵琶湖の湖面色の変化（琵琶湖環境科学研究センター屋上から撮影）．上から朝→正午→午後→夕刻の順で、色が変化することが分かる

 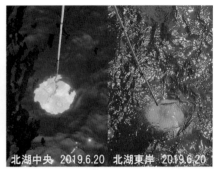

北湖中央　2019.6.20　北湖東岸　2019.6.20

写真6-2　透明度板

写真6-3　北湖の異なる2地点で透明度板を0.5m下げたときの様子

透明度が語る湖の状態

　湖水の透過性を測る指標に透明度があります。透明度は、写真6-2のような白い円盤を水中に沈め、見えなくなるまでの深さを測ります。それによって水の濁り具合を知ることができます(写真6-3)。透明度は、簡単に測ることができるため、世界各地の湖沼で測定が行われています [1]。琵琶湖では、1922年から測定が行われており [2]、貴重な長期データとなっています。

　琵琶湖の透明度の平均水平分布(図6-1)を見ると、沿岸の方が透明度は浅くなっています。最近10年間の北湖の沖帯(北湖中央)では平均約7m、北湖沿岸(北湖東岸)では平均4.5m、南湖の沖帯では平均約2.5mです。琵琶湖の透明度の増減は、おおよそ水中のプランクトンを含む懸濁粒子の濃度に依存します。水深の浅いところでは、植物プランクトンが多いことだけでなく、湖底からの粒子が巻き上がることで透明度が浅くなります。

　透明度には季節変動があります(図6-2)。近年10年間の平均を見ると、北湖では、7月、10月、11月に透明度が浅くなります。それらはちょう

透明度

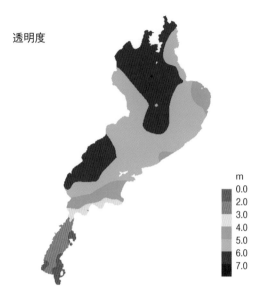

図6-1 琵琶湖における透明度の水平分布
（2018年度平均 琵琶湖環境科学研究センター公共用水域係提供）

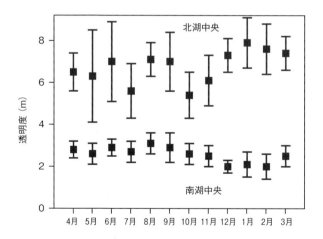

図6-2 2008 〜 2017年の水質．定期観測における琵琶湖北湖
中央6地点と南湖中央4地点の透明度の月別平均値．誤差線は標
準偏差（2σ）．滋賀県環境白書 [1] より作成

ど植物プランクトンが多い時期にあたります。一方、南湖では、北湖に比べて植物プランクトンが多いですが、透明度が特に浅くなるのは12～2月です。この時期には、珪藻類の植物プランクトンが多いことと、瀬田川洗堰の放流量が減少して水の流れに停滞が生じることから懸濁粒子が多いと考えられます。

深い湖の中はどう見える？

北湖第一湖盆で、水中の様子を水中カメラで撮影しました(写真6-4)。水面近くは青色ですが、水深が深くなるにつれ、緑色から暗い色へと変化します。下の方は真っ暗です。撮影した日では、水深2mで水面光の50％に減少し、水深9mで水面光の10％、水深20mでは水面光の1％が届く状態でした。

水中の光の様子は、水中分光放射計(図6-3写真)によって測定できます。水中光は、水深に対して指数関数的に減少します(図6-3)。水面から入射した光は、水中に入ると水分子や懸濁粒子、溶存物質等によって吸収・散乱されて減衰します(図6-4)。特に波長の短い光ほど水中の溶存物質によって吸収・散乱されやすく早く減衰します。

人間の目で見える可視光はおよそ360～760nmの範囲といわれますが、この波長域にて湖水が光を吸収する様子を実験室の装置を使って測定することができます(光吸収スペクトル 図6-5)。400～700nmの可視光領域では、懸濁粒子の吸収が大きくなります。特に、650～700nm付近の小さな山は、クロロフィルaの吸収によるものです。クロロフィルaとは植物が光合成を行うための色素で、この結果からも琵琶湖の懸濁粒子には植物プランクトンが多いことがわかります。一方、400nm以下の紫外線領域では溶存物質の吸収割合が大きくなります。溶存物質の主体は有機物で[3]、湖内の微生物に由来する有機物や、湖外の様々なところか

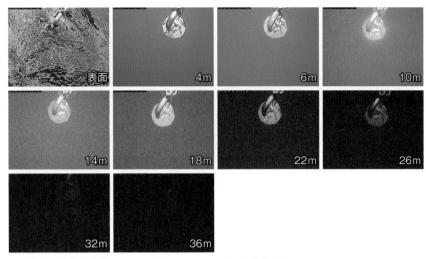

写真6-4 水中カメラで撮影した琵琶湖北湖の深さ毎の水中の様子
（写真上部はおもり、数値は推定深度）2015.6.18撮影（写真提供 JFEアドバンテック）

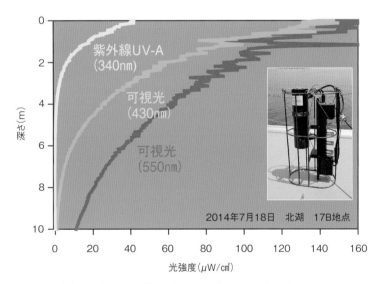

図6-3 琵琶湖北湖17B地点における可視光と紫外光の減衰
（写真は水中光を測定する水中分光放射計）

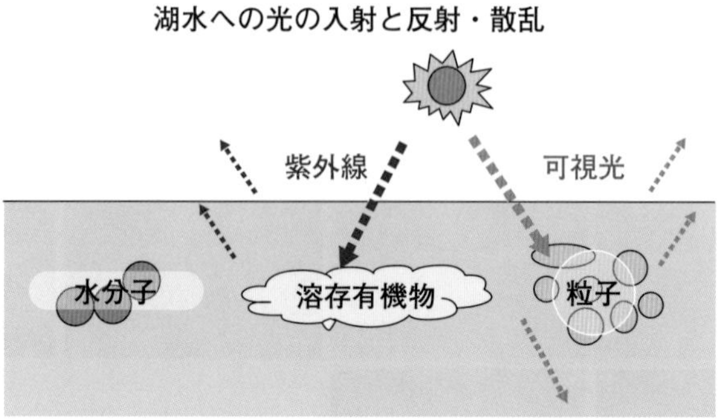

52

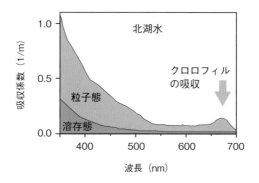

湖水への光の入射と反射・散乱

紫外線　　　　　可視光

水分子　　溶存有機物　　粒子

図6-4　湖水への太陽光入射の模式図

図6-5　琵琶湖北湖の湖水吸収スペクトル

ら排出される有機物などです。このように、光の吸収特性を見ることで、水中にある物質にどんなものがあるか調べられます。

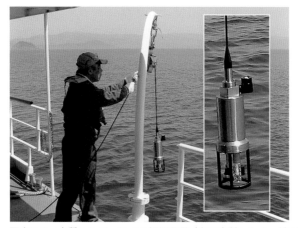

写真6-5　水質センサーによる観測風景（右は水質センサー拡大）

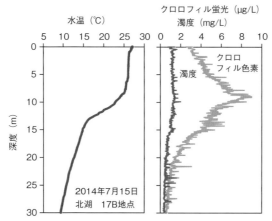

図6-6　琵琶湖北湖における水温、クロロフィル色素、濁度の鉛直分布
（水質センサーによる測定）

クロロフィル色素を利用した湖の解析

　植物プランクトンがもつクロロフィルaの濃度分布を測定する（写真6-5）ことで植物プランクトンの分布を知ることができます。夏の鉛直分

布でみると（図6-6）、水深10m付近でクロロフィル色素が高く、このあたりに植物プランクトンが集積しています。先の水中写真（写真6-4）でも水深10m付近で水が緑色を帯びているのは同じ理由です。水面からの光合成に有効な光はこの深さの少し下までしか届かないため、このような分布になっています。

　クロロフィルa濃度は季節によっても変化します。近年10年間（2008〜2017年）の北湖のクロロフィルa濃度の季節変動は、7月と11〜12月に高くなる傾向です（図6-7）。約40年前の1980年代前半（1979〜1988年）には、クロロフィルa濃度は現在よりも高く、極大になるのは7月と10月でした。また、水深0.5mと水深10mの濃度差に注目すると、近年の方が濃度差の大きい期間が長くなっています。近年と40年前の変動パターンの違いは、植物プランクトンの発生状況が変わったことを示しています。40年前に比べ、湖の富栄養化が抑制されてきたため、植物プランクトンの現存量が減少していること、また、湖の水温が上昇してきたため植物プランクトンの種類が変わり、増殖の時期も変わってきたことが影響していると考えられます（8章参照）。

色や光も湖の状態を知るバロメーター

　本章では、湖の色や光の特性からわかる湖の状態についてお話してきました。何気なく見えている水の色であっても、様々な情報が隠れています。透明度やクロロフィル色素に見られた季節性は、琵琶湖が環境に合わせて刻む季節のリズムといえます。将来、湖を取り巻く環境の変化によってそのリズムは変わる可能性があります。今後も注意深く見ていく必要があるでしょう。

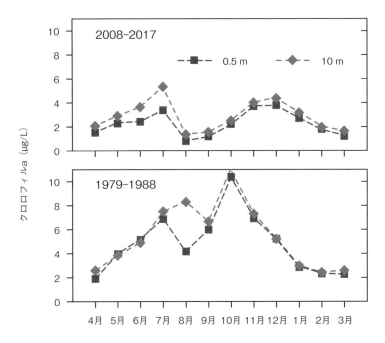

図6-7　2008〜2017年の琵琶湖北湖の17B地点におけるクロロフィルa濃度の月別変化（平均値）と1979〜1988年間の同指標の変化. 滋賀県環境白書[1]より作成

7

琵琶湖の水質の移り変わり〜水質を見つめて40年〜

　琵琶湖の水質調査が、毎月上旬に北湖28地点、南湖19地点、瀬
田川2地点（図7-1）において行われるようになってから、2018年
度で40年になり、データの蓄積が進みました[1]。その結果も踏ま
えて、琵琶湖水質の化学組成の特徴と水質保全の取組、そして、課
題となっていることについて紹介します。

琵琶湖の水質はどのように形成されるのだろう？

　琵琶湖の水質が形作られる過程は、大きく分けて、約120の一級河川
等からの流入水量・水質によって変化する外部からのプロセスと、湖内
の植物プランクトンの生産や分解といった生物現象とそれらが吸着沈降
するといった物理・化学現象によって変化する湖内のプロセスがありま
す（図7-2）。外部のプロセスでは、降水量や雨の降り方、流入水によって
湖内の植物プランクトンが増殖する際に栄養となる窒素やリンを取り込
むため、それらの濃度が変動します。植物プランクトンは、窒素やリン
の濃度と水温や日射量に適した種類が増えます。増えた植物プランク
トンは湖内の有機物濃度も高めていきます。ここで、あまり知られていな
いことですが、窒素やリンは、琵琶湖より河川の濃度が10倍程度濃く、
一方で、有機物の濃度は、河川よりも琵琶湖の方が数倍高くなっています。
　さらに湖内では植物プランクトンがどうなっていくかにより、水質も
変化していきます。植物プランクトン自体や生産した有機物は、動物プ
ランクトンや魚の餌になるほか、バクテリアなどの微生物によって分解

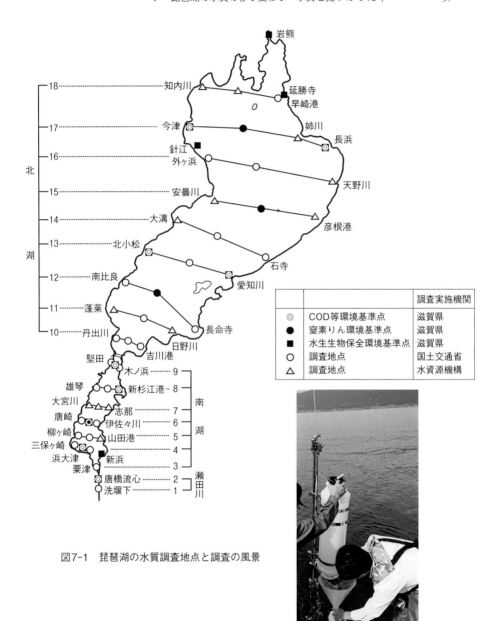

図7-1　琵琶湖の水質調査地点と調査の風景

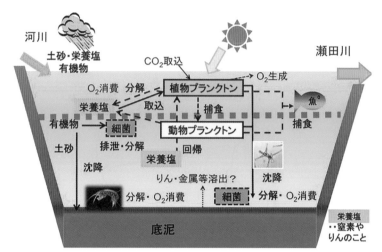

図7-2　湖内の生物・物質の関係図

されるものと、湖底に沈んで泥になっていくものがあります。湖底の貝類やイサザ、ミミズなどの底生生物は沈降してきた有機物を餌にしています。沈降せず、餌としても利用されなかった有機物は、琵琶湖から瀬田川と琵琶湖疏水より下流に流出していきます。

季節によって大きく変わる琵琶湖の水質～季節変化の特徴～

　琵琶湖水質の化学的な成分も季節によって大きく変わるものが多くあります(図7-3)。

　琵琶湖は春の訪れとともに表層の水温が上昇し、日射量や河川からの栄養塩の流入量が増え、植物プランクトンが増えます。

　夏になると、北湖の表層では水温躍層が形成されます(コラム2 P37参照)。この層の上と下では、北湖の水質は大きく異なります。表層から水温躍層付近までは光が届き、そこでは植物プランクトンが増殖します。水温躍層より下は光の届かない暗闇の世界ですが、魚類や動物プランクトン、底生生物がすみ、微生物による有機物の分解も行われる場所です。

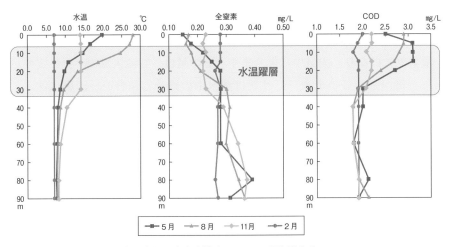

図7-3 左から水深方向の水温、全窒素濃度、CODの季節別分布
2017年度の今津沖中央における測定結果[3]より作成

コラム❸ 琵琶湖の化学物質の状況は安心してよいか？

　1960年代以降の高度成長期には、琵琶湖周辺でもPCBや農薬等の環境汚染が問題となったことがあり、様々な化学物質による汚染が心配されてきました。しかし、1979年度から滋賀県と国で行われている水質調査の結果からは、環境基準値を超えるような汚染は生じておらず、環境基準値の10分の1レベルに設定された報告下限値を超えるような物質はフッ素や硝酸態窒素といった身近な物質に限られています[1]。さらには、魚類[4]や底質[5]も調べられてきましたが、検出される物質は、全国レベルかそれよりも低い量であり、近年は概ね減少傾向にあります。

　しかし、身近に使われる化学物質の種類は増え続けており、近年は、人の健康に関する項目だけでなく、魚類やその餌となる水生生物への影響を監視するため、水生生物を保全するための環境基準が設定され、新たな知見が得られると、基準物質が追加されています。この項目についても、検出されないか、検出されても環境基準値を下回っています。これまで築きあげてきた化学物質の管理を続けながら、万一の災害や事故による汚染への対応も考慮して、琵琶湖の水質の安心確保のために、監視を続けていくことが大切です。

　植物プランクトンの一部は、沈降し多くは微生物に分解され、含まれていた窒素やリンは水中に戻ります。湖底では、窒素の一部は最終的に窒素ガスになり、大気中に戻ります。その量は、総流入量の半分に達すると報告されています [2]。リンは湖水中の鉄分と結合し、湖底に沈み堆積していきます。このようにして、琵琶湖水より濃い窒素やリンが外部から入ってきても、湖水中から除去されることで、濃度がほぼ一定に保もたれています。湖底上では、有機物が分解される際に溶存酸素(DO)が使われ、湖底の直上水の DO (底層 DO) は徐々に低下していきます。

　秋には、表層から水温が低下し、水温躍層が沈み込んでいきます。表層水と深層水が混ざったところでは栄養塩を得た植物プランクトンが再び増殖することもあります。

　冬には、水温躍層がさらに沈んで湖底にまで到達すると、表層と深層の水温や水質は一様になります(全層循環)。さらに季節風や降雪も加わり、全層循環が最も深い水域を含む今津沖の第一湖盆水深90mの湖底に到達し、表層から湖底までの水質が一様になる全循環に至ります。

琵琶湖の水質はどう変わってきたか?

　琵琶湖の水質で大きく問題となったのは、1960年代以降の南湖を水源とする水道水の異臭味やろ過障害、1970年代の淡水赤潮の大発生で、その後はアオコの発生があります。これらの直接的な原因は、湖に流入する窒素やリンの栄養塩が増えて、特定の植物プランクトンが増殖したためです。

　そこで、湖水の栄養塩濃度を下げるべく、琵琶湖に入る窒素やリンの量を減らす取り組みが始まり、その際、琵琶湖の水質の状況と取り組みの成果を確認するために、1979年度から現在の琵琶湖水質調査が始まりました。その後、琵琶湖の水質汚濁防止の取り組みは、県民、事業者、行政あげての県民運動に発展しました。その甲斐あって、琵琶湖のリンの濃度は減少し、窒素濃度も2005年頃から減少に転じました。その結果、

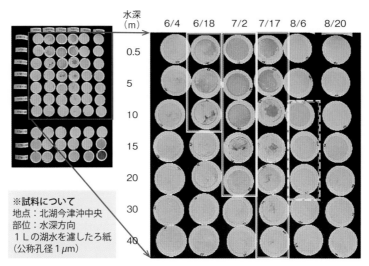

図7-4　湖水中の粒子の状況．湖水をガラス繊維ろ紙でろ過した様子（2012年夏季）

淡水赤潮の発生は大幅に減少し、2010年以降は発生していません。2018年度には、北湖の年間平均値でそれまでも環境基準を達成していたリンに加え、窒素も調査開始以降の最低値である環境基準値と同じ0.2mg/Lにまで減少しました。このように、透明度をはじめ、窒素、リン、クロロフィルaの年間平均値は富栄養化対策に取り組み始めたころに比較すると良くなってきました。

これ以上水質を良くしなくても良いか？

　しかし、季節や月単位で見ていくと、項目によっては、2010年以降も調査を開始した1979年度以降で最も悪くなることが生じています。

　2012年の6〜7月には、琵琶湖全域で大型緑藻が大増殖し（図7-4）、北湖で化学的酸素要求量（COD）をはじめとする有機物に関する項目が最も高い値になりました（図7-5）。

　同じ年の南湖では、8〜9月にかけて、アオコ種の植物プランクトンが大増殖し、それらが分解したものとみられる泡立ちが大発生しました。

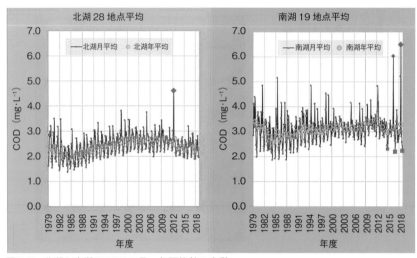

図7-5　北湖と南湖のCODの月・年平均値の変動
　　　　2012年度以降にCODの月最高値が見られる.

データ：国土交通省近畿地方整備局琵琶湖河川事務所、独立行政法人水資源機構
　　　　琵琶湖開発総合管理所、滋賀県琵琶湖環境科学研究センター

泡立ちは瀬田川からその下流にも達しました。

　もう一つ、南湖の水質変動と関連が大きいのは水草の繁茂です。琵琶湖南湖の水草は、1994年度から増え始めて、2000年以降、大量繁茂は大きな問題となっています[6]。水質との関連としては、水草が大量繁茂する年は、植物プランクトンが増殖できず水は澄んで透明度をはじめとする水質は良くなります[7]。それでも湖岸域では水の流れが滞るため、アオコが発生することがあります。逆に水草が少ない年は、降水量が多ければ北湖のきれいな水が流れ込んで水質は良いですが、降水量が少なければ湖水の流れが弱くなり、アオコが湖岸域だけでなく、沖にも拡がります。泡立ちの見られた2012年も水草が少なくアオコ種が大増殖し、同じく水草が増えなかった2016年には藍藻アナベナ フロスアクアエが大増殖し、アオコの年間発生日数が過去最多となりました。2018年7月

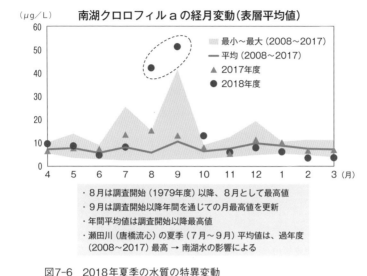

図7-6　2018年夏季の水質の特異変動
データ：国土交通省近畿地方整備局琵琶湖河川事務所、独立行政法人水資源機構
　　　　琵琶湖開発総合管理所、滋賀県琵琶湖環境科学研究センター

中旬から９月初旬には南湖のほぼ全域で藍藻アナベナ アフィニスが大
増殖し、９月のクロロフィルａが月間の過去最高値を更新しました（図
7-5、7-6、写真7-1）。それに伴い、CODもクロロフィルａと同じく月間最
高値を更新するなど、水質が大きく悪化しました。

　このように、四季の特徴が見られた琵琶湖の水質も、近年、季節や月
単位では、過去40年の中でも最も悪くなることがあり、その様相に大き
な変化がみられます。琵琶湖環境科学研究センターでは、毎年度の琵琶
湖水質の変動で特徴的な事象と考えられる要因を、滋賀県環境審議会に
報告しています。近年、水質の特異変動の要因が滋賀県だけでなく日本
や世界の異常気象と関連付けられる件数に増加傾向があり、少しずつ影
響が表れはじめているように見えます[8]。こうしたことから、琵琶湖
の水質は、必ずしも良くなっているとは言えません。

写真7-1　2018年夏季に南湖で増殖したアナベナ アフィニスは琵琶湖大橋を越えたところまで拡がった.（写真は、2018年8月27日琵琶湖大橋下）

在来魚が取れない～水質からのアプローチ

　2016年秋から2017年春にかけてはコアユが極端に不漁になるなど、琵琶湖の在来魚が減っています。極端に不漁になると、私たちも水質で影響している項目がないか細かに確認します。これまでのところ、魚やその餌の水生生物に影響があるとされる pH や DO、亜鉛や化学物質といった項目に異常は見つかっていません [1]。一方で、長期的にはリンなどの栄養塩が減少してきたことを背景に、栄養が少し減りすぎたのではないかとの指摘があります。しかし、水質が良くなった近年の10年でも、植物プランクトンが異常に増えて、月によっては過去最悪の値になるほど、琵琶湖はまだまだ植物プランクトンを生産する能力を十分持っています。

　特に、琵琶湖は海と違い、水道や農業・工業用水として多くの水が利用されており、植物プランクトンが大量に増えると浄水処理に多くのコストがかかります。さらに、北湖の水が全部入れ替わるには単に容積を

流出量で割っても５〜６年、実際には水温躍層が形成されるため20年程
度かかることを考えておく必要があります。

　それでは、どこに注目すればよいでしょうか。私たち水質調査に携わっ
ている者としては、コアユなどの在来魚の餌となる動物プランクトン、
さらにその餌となる植物プランクトンが減っていないかを調査研究して
いるところです。餌の量だけでなく、それぞれのプランクトンが増える
時期、魚の成長する時期、食べられる大きさなどのミスマッチも問題と
なります。水中の栄養塩が植物プランクトンの成長の源として始まり、
食物連鎖を通じて魚の口に入るまでの間に、水質の季節のリズムと生物
の生活史が調和していることが大切であると考えています。この章でみ
てきたように、琵琶湖の水質は、気象が水中の物理・化学的な作用に影
響し、生物と栄養塩や有機物との相互の関係によって形成されているこ
とがわかっていただけると思います。これらによって形成される物質の
循環は結果的に生物に対する生息環境へとフィードバックされています。
生物への影響を丹念にみていくため、湖の中の栄養塩や有機物の循環を
解き明かすことがますます必要となっています。季節のリズムが大きく
変わって、琵琶湖の生物とその恵みを享受する人々にとって、望ましい
姿が見えなくなる前に。

8

琵琶湖の植物プランクトン

　体長0.2μmの小さなピコ植物プランクトンから体長2mにもおよ
ぶ大型のクラゲにいたるまで、浮遊している生物はすべてプランク
トンと呼ばれます。さらに、光合成を行うための色素を持っている
ものを植物プランクトン、それ以外のものを動物プランクトンと呼
んでいます。植物プランクトンの中には鞭毛を持ち、水中を泳ぎま
わる種類もあるので、陸上生物における動物とは少し感覚が異なる
かもしれません。ここでは琵琶湖の植物プランクトンを紹介します。

琵琶湖でよく見られる植物プランクトン

　琵琶湖は北に大きくて深い北湖、南に浅くて小さい南湖があり、地理
的環境条件や栄養状態が異なるため、北湖と南湖は異なった季節変化が
見られますが、おおよそ以下のような植物プランクトンが観察できます。
　春には黄色鞭毛藻類、珪藻類、渦鞭毛藻類の姿が見られます。黄色鞭
毛藻ウログレナ アメリカーナ (*Uroglena americana*[①]) は、1977年に初めて
発生した淡水赤潮の原因となる植物プランクトンで、集積すれば湖水を
赤褐色に染めることがあり、2本の鞭毛をもった小さな細胞が集まり、
毬のような群体を形成し、湖水中をぐるぐる回っています。また、黄色
鞭毛藻類ディノブリオン シリンドリカ (*Dinobryon cylindrica*[②]) やディノブ
リオン ババリクム (*Dinobryon bavaricum*[③]) は外殻を持ち、枝葉のような樹
状の群体を形成し、鞭毛によって水中を漂っているのが見られます。こ
の2種類の違いは被殻の形によって種類が決まります。珪藻フラギラリ

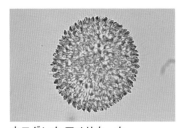

ウログレナ アメリカーナ
（*Uroglena americana*①）

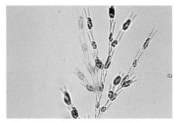

ディノブリオン シリンドリカ
（*Dinobryon cylindrica*②）

ディノブリオン ババリクム
（*Dinobryon bavaricum*③）

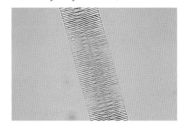

フラギラリア クロトネンシス
（*Fragilaria crotonensis*④）

①〜㉒の植物プランクトンの写真はすべて400倍にて撮影しています

ア クロトネンシス（*Fragilaria crotonensis*④）は細い細胞が帯状の群体を形成し、水中に帯のような長い群体がみられ、その形からオビケイソウと呼ばれています。同じく珪藻アステリオネラ フォルモサ（*Asterionella formosa*⑤）は8細胞が放射状の群体を形成し、水中には星のような群体がみられ、その形からホシガタケイソウと呼ばれています。渦鞭毛藻ケラチウム ヒルンディネラ（*Ceratium hirundinella*⑥）は大きな体に殻のような細胞壁をまとい、二本の鞭毛で水中を泳ぎ回ります。この種類はツノオビムシと呼ばれています。春の琵琶湖は珪藻類や黄色鞭毛藻類、渦鞭毛藻類などの黄色を中心とした色素を持つ植物プランクトンが多く、琵琶湖の水はうっすらと黄色がかっていることがあります。

　夏には藍藻類の姿が見られます。藍藻アファノテーケ クラスラータ（*Aphanothece clathrata*⑦）は微小な桿菌状の細胞が集合し、雲のような不定

アステリオネラ フォルモサ
（*Asterionella formosa*[5]）

ケラチウム ヒルンディネラ
（*Ceratium hirundinella*[6]）

アファノテーケ クラスラータ
（*Aphanothece clathrata*[7]）

クロオコックス ディスペルサス
（*Chroococcus dispersus*[8]）

形の群体を形成しながら湖水中を漂っています。同じ藍藻クロオコック
ス ディスペルサス（*Chroococcus dispersus*[8]）は小さな球状の細胞が疎に群体
を形成し、湖水中を漂っています。藍藻ゴンフォスフェリア ラクスト
リス（*Gomphosphaeria lacustris*[9]）は小さな細胞が細胞の間に粘質糸と呼ばれ
る糸でつながりながら、群体を形成しています。また、これらの藍藻類
は青色の色素を多く含むため、この時期の琵琶湖の水は少し青色がかっ
てみえることがあります。

　南湖では上記以外にアオコを形成する藍藻類が増加し、緑のペンキを流
したように見えます。藍藻類のアナベナ属ではアナベナ フロスアクアエ
（*Anabaena flos-aquae*[10]）は不規則ならせん状を形成し、アナベナ アフィニス
（*Anabaena affinis*[11]）は直線状の栄養細胞が束を形成します。また、規則正し
いらせん状を形成するアナベナ スピロイデス クラッサ（*Anabaena spiroides*
var. *crassa*[12]）は水道で異臭味の問題となるかび臭物質ジェオスミンを産生し

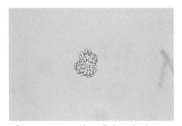

ゴンフォスフェリア ラクストリス
（*Gomphosphaeria lacustris*[10]）

アナベナ フロスアクアエ
（*Anabaena flos-aquae*[11]）

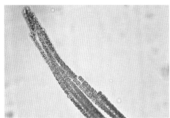

アナベナ アフィニス
（*Anabaena affinis*[11]）

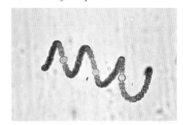

アナベナ スピロイデス クラッサ
（*Anabaena spiroides* var. *crassa*[12]）

ます。ミクロキスティス属ではミクロキスティス エルギノーザ（*Microcystis aeruginosa*[13]）は不定形の群体が広がる形状、ミクロキスティス ベーゼンベルギー（*Microcystis wesenbergii*[14]）は寒天状の膜で囲まれた群体を形成します。アオコを形成するプランクトンが増加すれば、琵琶湖は緑色に見えます。

　秋には緑藻類や珪藻類の姿が見られます。緑藻スタウラストルム ドルシデンティフェルム（*Staurastrum dorsidentiferum*[15]）は琵琶湖において、もっとも大きな生物量を占める大型の植物プランクトンです。テトラポットを２つつなげたような突起を持った形状をしています。この種類のほかにも突起の本数の異なる緑藻スタウラストルム アークチスコン（*Staurastrum arctiscon*[16]）なども見られます。また、近年琵琶湖においてよく見られるようになってきた大型の緑藻ミクラステリアス ハーディ（*Micrasterias hardyi*[17]）もこの時期に見られます。珪藻アウラコセイラ グラヌラータ（*Aulacoseira granulata*[18]）は円筒形の構造をしており、殻には点紋

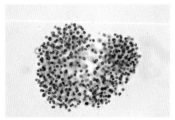

ミクロキスティス エルギノーザ
（*Microcystis aeruginosa*[13]）

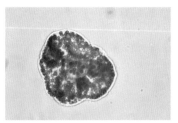

ミクロキスティス ベーゼンベルギー
（*Microcystis wesenbergii*[14]）

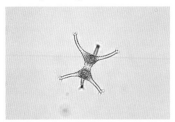

スタウラストルム ドルシデンティフェルム
（*Staurastrum dorsidentiferum*[15]）

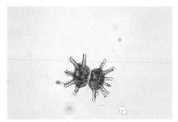

スタウラストルム アークチスコン
（*Staurastrum arctiscon*[16]）

列が見られます。この時期の琵琶湖は緑藻類が増殖することが多く、湖水が薄い緑色に見えることがあります。

　冬には珪藻類、褐色鞭毛藻の姿が見られます。珪藻ステファノディスクス スズキ（*Stephanodiscus suzukii*[19]）はコインのような形をした中心目珪藻で、きれいな紋様が見られます。また、同じ珪藻アウラコセイラ ニッポニカ（*Aulacoseira nipponica*[20]）は厚い殻をもつ、円筒形のプランクトンです。この二種類の珪藻は北湖でよく見られる種類で、琵琶湖の固有種です。珪藻のキクロテラの一種（*Cyclotella* sp.[21]）は円筒形をした中心目珪藻で小さく、殻の周縁部に放射状の棘があり、南湖で多くみられます。また、褐色鞭毛藻類のクリプトモナスの一種（*Cryptomonas* sp.[22]）は楕円体で、2本の鞭毛をもち、水中を泳ぎまわります。冬の琵琶湖では、これらの珪藻類や褐色鞭毛藻類が見られますが、生物量は小さく、湖水は澄んだ色をしています。また、琵琶湖にはこの章で紹介した種類以外にも、植物

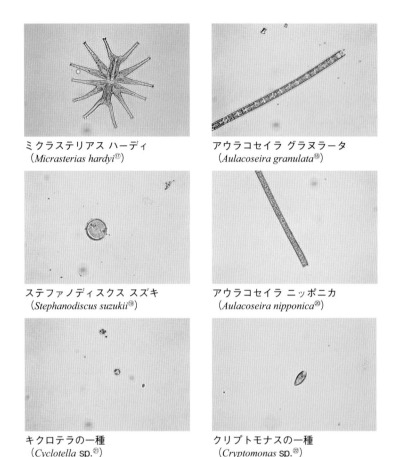

ミクラステリアス ハーディ
（*Micrasterias hardyi*[17]）

アウラコセイラ グラヌラータ
（*Aulacoseira granulata*[18]）

ステファノディスクス スズキ
（*Stephanodiscus suzukii*[19]）

アウラコセイラ ニッポニカ
（*Aulacoseira nipponica*[20]）

キクロテラの一種
（*Cyclotella* sp.[21]）

クリプトモナスの一種
（*Cryptomonas* sp.[22]）

プランクトンがたくさん見られます。

変わりゆく環境と植物プランクトン

　琵琶湖の植物プランクトンは、これまで、水質や環境の変化によって、出現時期や出現種類が変化してきました。根来[1] によれば、1950年代の琵琶湖はほとんどの季節を珪藻類が優占していたと報告しています。また、一瀬ら[2] によれば、1970年代後半から1980年代前半にかけては

特定の植物プランクトンが優占種となる回数が多く、周期的に変動を繰り返すパターンを示していること。1980年代後半から1990年代前半にかけては様々な種類の植物プランクトンが優占種となり、その交代も比較的早かったこと。1990年代前半から1990年代後半にかけては発生に周期性がなくなり、季節によって発生するプランクトンの種類が特定できなくなっていることを報告しています。さらに、一瀬ら[3]は1980年代から2000年代にかけて植物プランクトンの総体量が減少する一方で、藍藻類の占める割合が増加傾向を示していると報告しています。また、2013年度から2017年度までの琵琶湖における植物プランクトンの推移（図8-1）を見ても、北湖では、2013年度、2014年度は緑藻類の総細胞容積が少ない年、2015年度、2016年度、2017年度は緑藻類の総細胞容積が多い年といった特徴が見られます。また、南湖では2013年度、2014年度および2015年度は植物プランクトンの総細胞容積が少ない年、2016年度は藍藻類の総細胞容積が多い年、2017年度は緑藻類の総細胞容積が多い年といった特徴が見られます。これは、近年の記録的な高温や大雨あるいは少雨といった気象条件が要因の一つとなっていると言われており[5]、これらの報告は周囲の環境変化に伴って植物プランクトンの種組成が変化していることを示唆しています。

　今後も地球温暖化や気候変動をはじめとした地球環境の変化によって、琵琶湖における植物プランクトンの出現時期や出現種類が変化していく可能性があります。植物プランクトンは顕微鏡を使わないと観察できませんが、山の木々が季節によって色を変えるように、微妙な湖水の色の変化からその存在を私たちに示してくれます。みなさんも琵琶湖の四季を感じに琵琶湖の水辺を訪れ、琵琶湖の植物プランクトンに目を向けてみませんか？

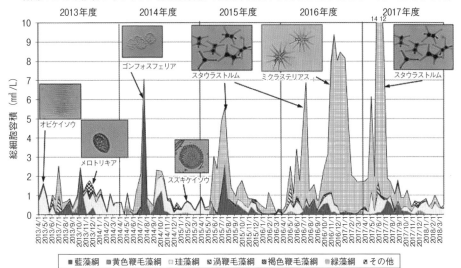

北湖における植物プランクトン総細胞容積の変動（今津沖中央 0.5m層. 2013年4月～2018年3月）

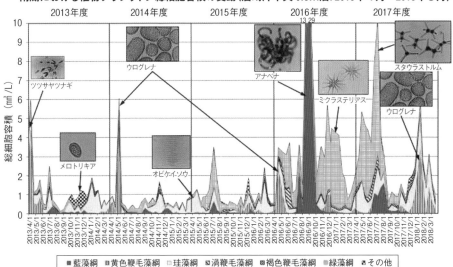

南湖における植物プランクトン総細胞容積の変動（唐崎沖中央 0.5m層. 2013年4月～2018年3月）

図8-1　琵琶湖における近年の植物プランクトンの推移 [4]

9

琵琶湖の魅力的な動物プランクトンたち

　淡水域の動物プランクトンは、１mm以下の種類が多く、目ではほとんど認識できません。しかし、顕微鏡で動物プランクトンのミクロな世界を覗くと、彼らの体の形や泳ぎ方が非常にバリエーション豊富なことに驚きます。また、彼らの動きから、「食う−食われる」という生存競争の一端が垣間見えて衝撃を受けます。ここでは、動物プランクトンのうち、ワムシ類とミジンコ類（正式には枝角類）を例に挙げ、琵琶湖に生息する彼らの面白さが分かるポイントを紹介します。最後に、琵琶湖での動物プランクトンの季節性や温暖化との関係について触れます。

バリエーション豊かな体の特徴

　琵琶湖では、ワムシ類とミジンコ類は、動物プランクトンの現存量の大部分を占める３グループのうちの２つです（残りはケンミジンコ類、正式にはカイアシ類）。琵琶湖とその周辺の湖沼では、ワムシ類は178種（琵琶湖のみ）、ミジンコ類は56種が報告されています [1]．[2]。生息している種数もさることながら、彼らの体の特徴（模様や形等の外見）も非常にバリエーションが豊富です。特にワムシ類には、体に面白い特徴を持つものが多いです。例えば、カメノコウワムシ（*Keratella cochlearis*）の体の殻（被甲）には、その名の通りに亀の甲羅に似た幾何学的な模様が刻まれており（写真9-1A）、その細かさに驚きます。一方、トゲナガワムシは（*Kellicottia longispina*）、スリムな長細い体をしていますが、頭部と尾部に長い刺を

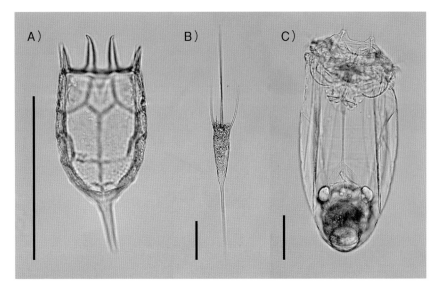

写真9-1　琵琶湖のA) カメノコウワムシの殻（被甲）、B) トゲナガワムシ、C) フクロワムシ. 左側の線が各ワムシのスケールで、長さは0.1mmを示す（渡辺圭一郎氏撮影）

複数持っています（写真9-1B）。フクロワムシ（*Asplanchna* sp.）は、カメノコウワムシ等の他のワムシ類を食べる大型の肉食性ワムシです（写真9-1C）。このワムシは、体が非常に透明で、それ故に餌生物を食べると、食べたものが丸見えです。写真9-1C のフクロワムシには食べた餌生物は写っていませんが、下部の消化器官や生殖器官等が見えます。この様に、琵琶湖には、体に色々な特徴を持つワムシ類が多数生息しており、体の特徴に着目しながら顕微鏡で観察すると夢中になります。

　琵琶湖のミジンコ類には、外見では見間違える種類がいます。例えば、カブトミジンコ（*Daphnia galeata*）とプリカリア（*D. pulicaria*）は、外見が非常に似ています。体の各部位を顕微鏡で観察すると、両種の尾爪に相違

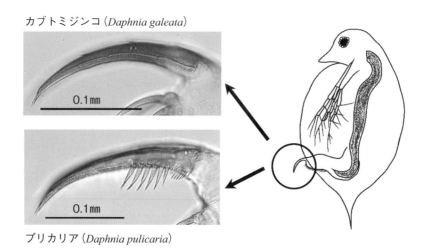

カブトミジンコ（*Daphnia galeata*）

0.1 mm

0.1 mm

プリカリア（*Daphnia pulicaria*）

図9-1　カブトミジンコ（上写真）とプリカリア（下写真）の尾爪の違い．プリカリアには尾爪に刺がある（渡辺圭一郎氏撮影）

点を発見できます（図9-1）。また、両者の相違点は、体の内部にある摂餌器官（餌を食べる器官）の濾過肢毛（まつ毛状の毛）の構造にもあります（写真9-2）[3]。写真9-2はプリカリアの濾過肢毛ですが、カブトミジンコの濾過肢毛はプリカリアのものに比べて毛の間隔が少し狭いです。毛の間隔が狭いことにより、カブトミジンコの方が、プリカリアよりも小さい餌を食べるのが得意と言われています[3]。残念ですが、濾過肢毛は非常に小さいので、プリカリアとカブトミジンコの濾過肢毛の間隔の差を確認するためには、顕微鏡の1000倍以上で観察する必要があります（電子顕微鏡が望ましい）。この様に、外見が非常に似ていても、微細な体の構造・形態が異なるケースもあります。従って、琵琶湖のワムシ類とミジンコ類を顕微鏡で観察する際には、探偵になった気分で違いを探し、なぜ違う点があるのかの理由を考えてみると良いかもしれません。

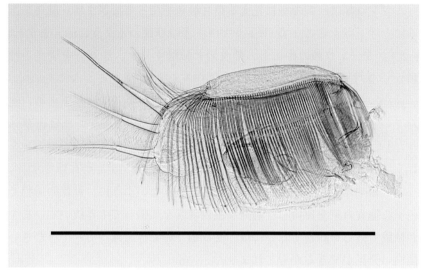

写真9-2　プリカリアの第3胸脚の濾過肢毛. 線は1mm（渡辺圭一郎氏撮影）

思わず目で追う泳ぎ方

　泳ぎ方に着目してワムシ類とミジンコ類を観察しても楽しいです。琵琶湖にも、色々な泳ぎ方をする種類がいます。ワムシ類の多くは、頭部のコロナ（繊毛冠）と呼ばれる部位の毛を使って泳ぎ、まるで銃弾が飛ぶ様に、素早く回転しながら泳ぎます（例：カメノコウワムシ, 図9-2A）。一方、敵（捕食者）と接触すると、普段とは違う泳ぎ方をする種類もいます。琵琶湖を含む多くの湖沼に生息するハネウデワムシ（*Polyarthra* sp.）は、普段は銃弾の様にクルクル回転して泳ぎますが、捕食者に接触すると、逃げるために付肢（羽状の部位）を使って自分の体の10倍以上の距離を一瞬で移動します（図9-2B）[4]。その様子は、まるでジャンプ（またはワープ）であり、あまりの速さに移動中の様子を目で捉えることはできません。

　ミジンコ類は、腕の様に見える第2触角を使って泳ぎます。触角を上下に上げ下げすることで、ピョンピョンと飛び跳ねるように泳ぎます（図9-2C）。ミジンコ類の中にも、捕食者と接触すると、泳ぎ方を変える種類がいます。琵琶湖で春や秋に多くみられるゾウミジンコ（*Bosmina longirostris*）は、捕食者に接触すると、死んだ振りの様に泳ぎを止め、沈んでいきます（図9-2D）[5]。しばらくしてから、ゾウミジンコは再び泳ぎだし、捕食者から逃げます。この死んだ振りは、動きの感知で獲物を捉えるケンミジンコ類等の捕食者から逃げるのには大変有効です[5]。ワムシ類やミジンコ類も、簡単には食べられないように、進化の過程で色々な捕食対策を獲得し、過酷な生存競争を頑張って生き抜いています。顕微鏡で彼らを観察する際には、ぜひ個々の動きを追ってみてください。面白い発見ができるかもしれません。

琵琶湖での動物プランクトンの季節性や温暖化との関係

　ワムシ類やミジンコ類等の動物プランクトンの生理活性（消化や代謝等）は、水温に大きく依存し、種ごとの適温までは水温の上昇で摂食や増殖が活発になります[6]。琵琶湖では、春から秋に摂食や増殖が活発になる種類が多いです。琵琶湖で多い種類は、ワムシ類ではドロワムシ（*Synchaeta* sp.）、ハネウデワムシ、フクロワムシ等で、ミジンコ類ではカブトミジンコ、ゾウミジンコ、プリカリア等です（ドロワムシ以外の学名は前述）。

　春から秋には、魚類等の生理活性も上がり、餌を積極的に食べるようになります。琵琶湖漁業の重要魚種であるアユやホンモロコは、動物プランクトンを食べるプランクトン食性魚です。彼らは、カブトミジンコ等のミジンコ類や、ヤマトヒゲナガケンミジンコ（*Eodiaptomus japonicus*）等のケンミジンコ類を食べると報告されています[7]。実際、アユやホンモロコの消化管を解剖して観察すると、多くのミジンコ類等の動物プ

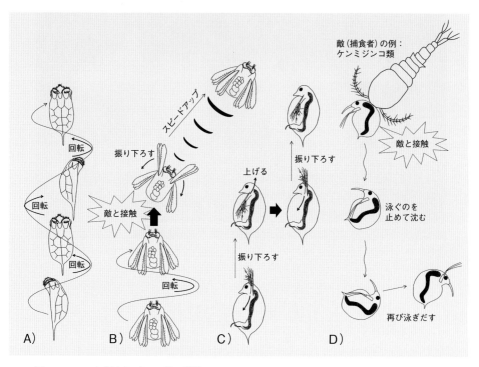

図9-2 ワムシ類とミジンコ類の遊泳パターン
　　　A) カメノコウワムシ、B) ハネウデワムシ、C) ミジンコ類 (*Daphnia*属)
　　　D) ゾウミジンコ

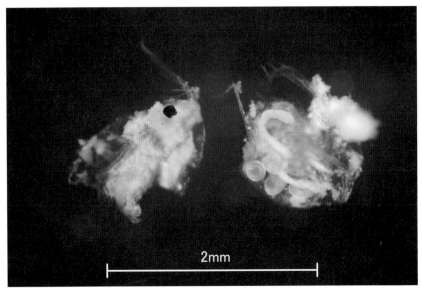

写真9-3 ホンモロコの消化管から出てきたミジンコ類（渡辺圭一郎氏撮影）

ランクトンが入っているのを確認できます(写真9-3)。動物プランクトン
は、春から秋の食欲旺盛になったアユやホンモロコ等を支える重要な餌
になっています。

　冬になると、低水温や餌不足等(植物プランクトン等の質・量)の影響に
より、多くの動物プランクトンは減っていきます。中には冬を越えるこ
とが難しい種類もいます。その様な種類は、耐久卵(休眠卵)と呼ばれる
特別な卵を産出します [6]。たとえ厳しい冬に親個体が死亡しても、種
が絶える訳ではありません。春になって水温等の生息環境が好転すると、
耐久卵から子供が生まれ、その子供から再びたくさんの子孫ができます。
動物プランクトンにとって、耐久卵の産出は、様々な環境でも種の存続
を可能にする重要な鍵の一つです。

　近年、様々な分野で温暖化の影響評価が必要とされています。温暖化

に伴って湖沼の水温も上昇すると予想されることから、動物プランクトンへの水温上昇の影響も評価する必要があります。花里（1998）[6] は、温暖化による水温上昇が、ミジンコ類にどの様な影響を及ぼすのかを記しています。それによると、琵琶湖に生息するカブトミジンコやプリカリアの様な Daphnia 属のミジンコ類は、10〜25℃の水温まではよく成長するが、30℃近くに達すると死滅すると考えられます。一方、ワムシ類についても、30℃以上に水温が上昇すると、多くの種類が生存できなくなる可能性があります [8]。琵琶湖の夏の水温は、現在でも、北湖の沖帯では水深約3m以浅において、南湖の浅い水域（水深約4m）では湖底付近まで30℃に時々達します。幸いにも、1962年から2005年までの琵琶湖の動物プランクトンや水温等のデータを使った解析では、水温が経年的な上昇傾向にあっても、動物プランクトンへの悪影響は確認されませんでした [9]。しかし、近年では、その様な影響評価は行われていないため、決して楽観視できません。今後、琵琶湖の夏の水温がさらに上昇すると、動物プランクトンの量や出現する種類に変化がみられるかもしれません。また、動物プランクトンの量や種類が変化すると、彼らを餌にするアユやホンモロコ等の魚類にも影響が生じる可能性があります。琵琶湖環境科学研究センターでは、水質やプランクトンのモニタリングを定期的に行っています。今後も、注意深くモニタリングを行うとともに、温暖化がもたらす水温上昇の影響評価も行っていきたいと考えています。

10

琵琶湖の四季と魚の回遊

琵琶湖や川や水路では四季折々の魚が見られます。
水の中を観察してみませんか。

琵琶湖水系の魚類数

　滋賀県には全部で84種の魚類（亜種を含む）が生息しています[1]。そのうち琵琶湖水系には在来種は14科67種生息していたと言われています[2]。しかし、在来種のうちアユモドキ・ニッポンバラタナゴ・イタセンパラの3種は、残念ながら急激な環境の変化によって琵琶湖周辺域からは姿を消してしまいました。一方で、2019年に新種として報告されたナガレカマツカも琵琶湖水系に生息していることから[3]、種数が1種増えました。そのため、2019年において琵琶湖水系には65種の在来種が生息していると考えられます。さらに、琵琶湖には、16種の固有種が生息しています。これらは、約400万年といわれる長い歴史をもつ琵琶湖の中で生き残ってきた、この湖の特有な沖帯や岩礁帯などの環境で進化してきた種です。

　また、琵琶湖水系には「遺伝子」の多様性という点で特徴のある個体群が知られています。例えば、琵琶湖水系に昔から生息していた野生コイの遺伝子は比較的純粋に近い日本在来系統のコイである可能性があることが知られています[4]。また、琵琶湖水系のイワナは河川ごとに遺伝子が異なっていることが知られています[5]。このような遺伝子の多様性も、日本が批准している生物多様性条約の中で、保全すべき重要な

写真10-1　ホンモロコの産卵場所の風景と卵

多様性であることが明示されています。

琵琶湖の四季と魚の回遊

　琵琶湖の魚は、琵琶湖と川や水田地帯をまるで海と川のように、行き来する魚である「回遊魚」が生息していることが特徴です。そのため、琵琶湖の湖辺や周辺の水田地帯の水路、流入河川では、同じ場所でも四季折々に違う種類の魚を見ることができます。魚の回遊に関する生活史の視点から、各時期に湖岸や川で目にすることのできる、琵琶湖の四季を代表する魚を紹介します。

写真10-2　産卵遡上中の琵琶湖のフナ

・初春を代表する魚：ホンモロコ

　まだ寒さが厳しい２～３月にかけての初春には、琵琶湖に生息していたホンモロコが、産卵のために琵琶湖から水田地帯や内湖に群れを成して移動しはじめます。湖岸や内湖にやってきたホンモロコは、柳の根や水草の水面近くに産卵をします（写真10-1）。さらに、近年の研究によって、ホンモロコは川の中の砂礫でも産卵することが明らかになりました[6]。湖岸や内湖、水田地帯で育ったホンモロコの稚魚は、秋ごろまでには琵琶湖に降下して、初春まで琵琶湖で暮らします。春の訪れを告げるホンモロコの群と、それを狙う釣り人たちが水路や川に並ぶのが伝統的な琵琶湖周辺の景色となっています。

・春を代表する魚：ニゴロブナ

　いつもは琵琶湖に生息しているニゴロブナは、水が少し暖かくなり水田に苗を植える人々の動きが活発になる４～５月に、雨によって琵琶湖の水位が上昇するのをきっかけとして、産卵のために琵琶湖から水田地帯に移動してきて産卵します[7]（写真10-2）。昔は、たくさんのニゴロブ

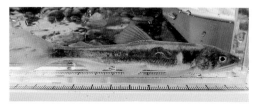

写真10-3
愛知川に遡上して婚姻色になったアユ

写真10-4
産卵のために知内川に遡上してきた
アユの大群

ナが水田に遡上して産卵していました。これは、水田には餌が多くニゴロブナの子どもの成長が良いためだと言われています[8]。水田の中で2〜3cmに育ったニゴロブナは、6月ごろに水田を脱出して琵琶湖に戻っていきます。水田にやってくるニゴロブナは、滋賀県名物の鮒寿司の魚として知られています。

・春から夏を代表する魚：アユ

　琵琶湖のアユは、琵琶湖や流入河川には、「コアユ」、「オオアユ」などのように、生育場所などの違いにより、成長後の大きさの異なるアユを見ることができるのが特徴です。

　春から夏にかけては、湖岸に琵琶湖から川へ遡上するアユの群れがやってきます。この頃のアユはどのアユも小さくて、河口や湖辺、川の

下流などでたくさん見かけることができます。春から夏に川に遡上せずそのまま琵琶湖に残り、プランクトンを食べて育つ群は、成魚でも体長が7～10cmと小さく「コアユ」と呼ばれます。一方、春に川の中上流域に遡上して、礫についたビロウドランソウなどを食べて川で育つアユは、成魚の体長が16cm以上と大きくなり「オオアユ」と呼ばれています。さらに、初夏から夏にかけて川に遡上して下流域から中流域に生息するアユは、成魚の体長が11～15cm中くらいで、「遊びアユ」と呼ばれています[9]。

　コアユは、秋になると川に遡上して湖岸から2kmぐらいの区間で産卵します。オオアユも、秋になると下流域に降下して産卵します。アユの産卵は、水の流れがあって5～10mmの礫の多い、1平方センチメートルあたり500g程度の重さの力で崩れるくらい (0.5kgf/cm²) の、とても軟らかな河床の砂礫で行われます[10]。産卵期のアユは婚姻色で体が黒くなり、産卵を終えると死んでしまいます (写真10-3)。この時期には、川が黒く見えるほどアユが集まるのを見ることができる川もあります (写真10-4)。アユは、卵がかえると赤ちゃんアユはすぐに川の流れに乗って琵琶湖に下って行きます。全てのアユの子どもは、春がくるまでは琵琶湖で生活しています。

・秋から冬を代表する魚：ビワマス

　いよいよアユの産卵も終わりに近づき、本格的な秋がせまってきて川の水の冷たさが増す10～12月にかけては、ビワマスが琵琶湖から川に遡上してきて産卵します。卵がかえった後、ビワマスの子どもは翌年の春ぐらいまで川にいて、その後、琵琶湖に降下するといわれています。しかし、中には琵琶湖に行かないで川に残留するものもいるようです[11]。

　ビワマスは、琵琶湖にしかいないサケの仲間で冷たい水が好きな魚です。琵琶湖にいる時は水温躍層 (コラム2参照) の下の水温が低い所に生

写真10-5　産卵のために大浦川を遡上中のビワマス

息しています。養殖では2～3年で大きくなるのですが、天然では4～5年も琵琶湖で過ごして大きくなります。大きく育ったビワマスは、晩秋の雨が降った時に遡上してくると言い伝えられています。そのため、地元では「アメノウオ」とも呼ばれています。晩秋の川では、産卵のため力強く遡上するビワマスや、力を尽くしてボロボロになって死んでいったビワマスの姿を見ることができます(写真10-5)。

魚の回遊と水系のつながりの分断

　琵琶湖の水系のつながりの環境が大きく変化して、回遊魚が回遊をうまくできない環境に変わったことが、琵琶湖の在来魚種が減少した要因の1つの可能性があります。例えば、琵琶湖総合開発以前の1960年代頃までは、琵琶湖と内湖や湖辺の水田は密接につながっていました。そのため、ニゴロブナは琵琶湖で大きくなり、産卵の時期には内湖や水田地帯に入ってきて、内湖のヨシ帯、水田などの浅い場所を産卵場所して利用することができました。また、琵琶湖に流入する川のほとんどは、河

口部に砂州が広がり、川の中のコンクリートの構造物は少なく、川は琵琶湖から上流域まで密接につながっていました。そのため、アユもビワマスも容易に遡上できて、川で生まれて琵琶湖に下り、琵琶湖で育ち、川に帰って遡上して産卵することが容易にできました。

　ところが1970年代の以降、こうした水系のつながりは、水田干拓、河川の構造物の増加、農業水路の整備など、防災や農産物の生産を効率化するために、少しずつ分断されてきました(第2章参照)。例えば、水田では、水路と水田に落差が生じるようになりました。その結果、ニゴロブナが遡上できなくなってしまいました。河川では、川の中に様々なコンクリートの構造物が作られて落差が大きくなりました。その結果、アユやビワマスが上流側に遡上することが難しくなってしまいました。

　琵琶湖総合開発がはじまった1970年代以降、琵琶湖をとりまく人々の交通、防災、産業の利便性は格段に良くなりましたが、一方で水系つながりが途切れ、回遊する生き物たちの経路を分断することにより、魚たちの生息環境に影響を与えてしまいました。

絶滅危惧種となっている琵琶湖水系の在来種の数

　琵琶湖水系では、水系のつながりの分断に加えて、外来生物の増加など、数十年間の様々な要因が組み合わさり、在来種の生息を確認することが難しくなってきています。そのため、アユモドキ・ニッポンバラタナゴ・イタセンパラは既に地域絶滅した可能性があります。さらに、2019年の環境省の汽水・淡水魚類のレッドリストによれば[12]、琵琶湖水系の現存在来種は、絶滅危惧IA類「ごく近い将来における野生での絶滅の危険性が極めて高い」ランクに6種、絶滅危惧IB類「IA類ほどではないが、近い将来における野生での絶滅の危険性が高いもの」ランクに12種、絶滅の危険性絶滅危惧II類「絶滅の危険が増大している種」ランクに9種、準絶滅危惧『現時点での絶滅危険度は小さいが、生息条

表10-1　2019年の環境省の絶滅危惧種リストに掲載されている琵琶湖の在来種

絶滅危惧IA類【6種】：イチモンジタナゴ *Acheilognathus cyanostigma*,
ホンモロコ *Gnathopogon caerulescens*, ワタカ *Ischikauia steenackeri*,
アブラヒガイ *Sarcocheilichthys biwaensis*, ハリヨ *Gasterosteus aculeatus* subsp. 2,
イサザ *Gymnogobius isaza*

絶滅危惧IB類【12種】：ニホンウナギ *Anguilla japonica*, ツチフキ *Abbottina rivularis*,
シロヒレタビラ *Acheilognathus tabira tabira*, ヨドゼゼラ *Biwia yodoensis*,
ニゴロブナ *Carassius buergeri grandoculis*, ゲンゴロウブナ *Carassius cuvieri*,
カワバタモロコ *Hemigrammocypris neglectus*, オオガタスジシマドジョウ
Cobitis magnostriata, ビワコガタスジシマドジョウ *Cobitis minamorii oumiensis*,
ホトケドジョウ *Lefua echigonia*, ナガレホトケドジョウ *Lefua* sp.1, カジカ小卵型
Cottus reinii

絶滅危惧II類【9種】：スナヤツメ北方種 *Lethenteron* sp. N., スナヤツメ南方種
Lethenteron sp. S., ゼゼラ *Biwia zezera*, ハス *Opsariichthys uncirostris uncirostris*,
スゴモロコ *Squalidus chankaensis biwae*, デメモロコ *Squalidus japonicus japonicus*,
アジメドジョウ *Niwaella delicata*, アカザ *Liobagrus reinii*, ミナミメダカ *Oryzias
latipes*

準絶滅危惧【7種】：ヤリタナゴ *Tanakia lanceolata*, アブラボテ *Tanakia limbata*,
ドジョウ *Misgurnus anguillicaudatus*, イワトコナマズ *Silurus lithophilus*, サツキマス
（アマゴ）*Oncorhynchus masou ishikawae*, ビワマス *Oncorhynchus* sp., カジカ大卵型
Cottus pollux

絶滅のおそれのある地域個体群：琵琶湖のコイ在来型 *Cyprinus carpio*

（引用文献：2019年の環境省の絶滅危惧種リスト[12]より琵琶湖の在来種のみ抜粋）

件の変化によっては「絶滅危惧」に移行する可能性のある種』ランクに7種、合計34種の魚がレッドリストに掲載されています。これは琵琶湖水系に生息している在来種のおよそ半数に相当する種数です。さらに、遺伝的な多様性の保全の視点で重要である「絶滅のおそれのある地域個体群「地域的に孤立している個体群で、絶滅のおそれが高いもの」カテゴリーに「琵琶湖のコイ在来型」が掲載されています（表10-1）。

水系のつながり再生による在来魚のにぎわい復活を目指して

　琵琶湖水系の魚類の減少などの問題に対応するために、2015年9月に琵琶湖の保全及び再生に関する法律が公布・施行されました。その中の基本方針として「魚類等の生息・繁殖環境としても重要な湖辺域を形成する内湖、砂浜、自然の湖岸等の環境の保全及び再生並びに陸水域における連続性の確保を図るよう努めるものとする」とする文章が盛り込まれ、琵琶湖の水系のつながりの再生の重要性が法律の基本方針として明示されました。

　今、滋賀県では水系のつながり再生による在来魚の復活にむけて各地でいろいろな取組みや研究が行われています。その中の2事例を紹介します。

事例1　魚のゆりかご水田事業

　滋賀県では、ニゴロブナが水田に上がってきて卵が産んで稚魚が育つように、農業水路の落差を無くす工夫や、魚の子どもが育つように減農薬をする取り組みが行われています。琵琶湖博物館による研究によれば、水田で実験をした例では3〜10匹のメスと5〜15匹のオスを0.2haの水田に入れたところ平均5万5千匹の稚魚が確認されています[8]。この研究を基に考えると、十分な親の数が入れば1haで約27万匹の稚魚が育つ可能性があります。ニゴロブナが産卵する水田のお米は、「魚のゆりかご水田米」というブランド米として販売されていてとても人気があります。そのおかげで、2006年40haから2018年148haと、

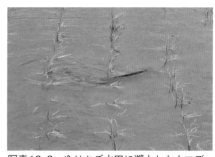

写真10-6　ゆりかご水田に遡上したナマズ

ゆりかご水田は徐々に増えており、今では推定4千万匹のニゴロブナの稚魚が育つことができる環境を創出することができました。

事例2　家棟川・童子川・中ノ池川にビワマスを戻すプロジェクト

　琵琶湖の流入河川である家棟川では、ビワマスが生息する家棟川流域の河川環境を保全するため、市民・事業者・専門家・行政機関など多様な主体が協働して取り組んでいます。これまで家棟川では、ビワマスに関しては、下記の(a)、(b)、(c)の問題点がありました。

(a)ビワマスがいつ、どこに、どの程度遡上しているのか分からない。

(b)ビワマスが産卵できる場所がほとんどない。

(c)ビワマスが遡上できない構造物（落差工）があり上流に遡上できない。

　そこで、市民・事業者・専門家・行政機関が協働で、家棟川を遡上するビワマスや周辺環境を調査して産卵や稚魚の生息に必要な対策を検討しました。その上で、ビワマスの産卵床や落差工を遡上するための魚道を作りあげ、3年の努力の末、ビワマスが遡上する姿を確認することができました。ビワマスが生息できる河川環境の再生回復には、市民・事業者・専門家・行政機関など多様な主体の協働による、水辺の小さな自然再生が有効であることがわかりました[13]。

写真10-7　河川にビワマス戻す取り組み
　　　　　（産卵地の造成）

写真10-8　河川にビワマス戻す取り組み
　　　　　（遡上したビワマス）

　4～5月頃に水田に遡上してきたニゴロブナを採り、塩でニゴロブナを漬けて、さらに、それを土用の頃にごはんに漬けかえることによって、お正月の頃には「鮒寿司(フナズシ)」ができあがります。鮒寿司はおめでたい時のハレの日の御馳走して今でも食べられています。このように琵琶湖の四季と魚の回遊は、地域の食文化とも密接な関係を持っています。

　事例1，2のように、多様な主体の人々が協力して、琵琶湖と周辺の水田や川を安心して回遊できる生息環境に再生・修復・維持して琵琶湖水系の在来魚のにぎわい復活させていくことは、自然の恵みを最大限に生かして琵琶湖の魚たちと共に生きてきた、私たちの伝統文化を守ることそのものにつながると考えられます。

コラム❹ 琵琶湖環境科学研究センターの研究調査船

写真C4　水質実験調査船「びわかぜ」

琵琶湖には大学や研究機関が所有する様々な研究調査船がありますが、中でも琵琶湖環境科学研究センターの「びわかぜ」は、最も大型の調査船です。船が大きいことには大きな琵琶湖ならではの理由があります。時間のかかる移動中でも採取した湖水のろ過作業や冷蔵庫での保冷を行うため、船内に研究室を備えています。GPSプロッターや科学計量魚探も搭載して、大きな湖の中の空間地理情報などを記録できます。甲板では、採水器具や観測装置を上下するためのウインチを備え、100mの水深でも迅速に調査できます。船尾にはAフレームと呼ばれるクレーンを装備して、20〜100Lサイズの大型採水器や湖に係留する大型観測機器も上下できます。このように「びわかぜ」は、大きな湖に対応した機能をもち、水質定期観測や研究調査などの業務に活躍しています。

水質実験調査船「びわかぜ」

所属：　　滋賀県琵琶湖環境科学研究センター
全長：　　28.12m
全幅：　　6.2m
総トン数：71トン
定員：　　25人（船員含む最大合計）
竣工：　　2015年1月

11

琵琶湖の水生植物 〜関わりあう暮らし〜

　陸上の高等植物が、水中の生活に適応して進化したのが水生植物と考えられています。
　さて、琵琶湖の中では、どのように暮らしているのでしょうか。

自生する水生植物

　琵琶湖にはこれまで600種以上の植物が報告されています[1]。水辺から水中に生育する水生植物は「水草」と呼ばれ、分類学的には維管束植物(コケ・シダ類を含む)から車軸藻類までと多岐にわたります。水深約7m以浅の沿岸帯に分布し、太陽の光と琵琶湖の豊かな水と栄養で生長します。湖の生態系の中では一次生産者ですが、光合成の機能だけでなく、泥の巻き上げを防ぎ、栄養吸収といった浄化機能を有するとともに、周辺の生物の産卵・成育場として、また観光にも利用され、環境、生物、人と深く関わり合いながら生活しています。水生植物の生活形としては、葉や茎を水から空気中に立ち上げる抽水植物(ヨシ、マコモ等)、根を湖底にはらない浮遊(浮標)植物(ウキクサ、ホテイアオイ等)、葉を水面に浮かべる浮葉植物(ハス、ヒシ等)、植物全体が水中にある沈水植物(ネジレモ、クロモ等)があり、地盤高や水深に応じて帯状に群落をつくり、まるで棲み分けをしているように見えます(図11-1)。琵琶湖の水中に生育する水草は主に沈水植物です。
　近年確認できている沈水植物は36種で、北湖の方が南湖に比べて多くの種が見られます[2]。1年のうち最も観察しやすい時期は夏です。通

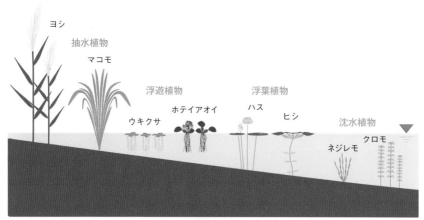

図11-1　水生植物（水草）の生育形と湖面との関係

写真11-1　琵琶湖の固有種　ネジレモ

写真11-2　在来種のセンニンモ(左上)と外
来種のオオカナダモ（右下）の混在

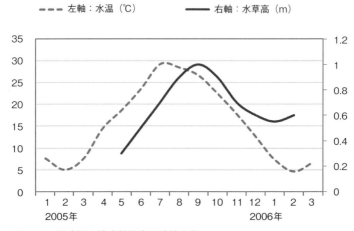

図11-2　湖水温と沈水植物高の季節変化
水資源機構 平均水草群落高2005－2006年; 滋賀県 唐崎沖2005－2006年
表層水温データを元に作図

常はダイビングをする必要がありますが、水の透明度が高い水域では、湖岸や船の上からでも固有種のネジレモやサンネンモ等の水草を観察することができます（写真11-1）。1960～1970年代にも種構成の大きな変化がありましたが、最近の特徴として、1994年の大渇水以降、南湖の沈水植物群落が著しく回復し、富栄養化対策等による透明度の上昇とともに水深3～4m付近に直立型で草丈の高くなるタイプが多く優占しています。さらに、年によって現存量は大きく変動し、クロモ、センニンモ等の在来種と、オオカナダモ、コカナダモ等の外来種が、混在する様子も見られます（写真11-2）。

琵琶湖の四季とともに

　季節的には、春の水温上昇が始まる3月に新芽を出し始め、5月から水草高が著しく上昇し、夏季9月に最高となります（図11-2）。沈水植物が生長しすぎて湖面に達すると景観悪化だけでなく、水が停滞し、アオ

写真11-3 沈水植物の大量繁茂

写真11-4 クロモの雌花（白い花）

写真11-5 沈水植物帯の合間を泳ぐブルーギル

コや湖底の貧酸素化を招き、生態系に悪影響を及ぼすようになります（写真11-3）。

　水草の花期はコカナダモ、マツモ、ホザキノフサモのように５月頃から開花する種もありますが、一般的には夏から秋です。クロモのように単性花（雄花、雌花を咲かせる）のタイプや（写真11-4）、ミズオオバコのように両性花をもつタイプ、ホザキノフサモのように雄花群と雌花群のついた花序（茎の先についた花）を水面上に伸ばす種等、形態はさまざまです。

　夏に南湖で調査をしていると、植物帯の合間に外来魚のブルーギルが遊泳するのが見られます。1990年代後半に南湖の水草が急激に回復したのと同時期にブルーギルが増加したため、隠れ家として繁殖に大きく寄与してしまったのではと考えられています（写真11-5）。

写真11-6　台風で一斉に吹き寄せられた流れ藻（2013年台風18号の後）

　秋になると、水草の茎や葉は腐朽して衰退します。この時期に台風による大きな攪乱があると、一斉に抜けた水草が湖岸公園に吹き寄せられ、腐敗臭が住民を悩ませることがあります（写真11-6）。

　冬は、地下茎の先等に殖芽をつくり湖底で越冬する種が多いですが、センニンモ、オオカナダモ、コカナダモのように草体のまま湖底で冬を越す（常緑性）種もあります。草体のまま越冬する方が早く草丈を伸ばせるため、殖芽から発芽する種に比べて、翌春の種間競争には有利のようです。

　冬は水鳥のにぎわう情景が見られます（写真11-7）。琵琶湖はラムサール条約の湿地として登録されており、10万羽以上の水鳥が採食・休憩・産卵場所として利用しています[3]。水草は、コハクチョウ・オオハクチョウ・オオヒシクイ・オオバン・オナガガモ・ヨシガモ・ヒドリガモ等の餌として捕食されているようです。そして、水草自身には移動手段をも

写真11-7　琵琶湖の冬の水鳥たち

たなくても、殖芽が水鳥の糞に混ざって遠くに運ばれると、琵琶湖以外
にも生育地を拡大できますが、その一方で外来植物が琵琶湖に侵入する
経路にもなります。

時代とともに生きる

　水草は周囲との関わり合いが強く、富栄養化や湖岸改変等の人為的影
響によって、時代とともに変化してきました。今後、さらに気候変動が
進むと、季節に沿った生物の活動周期（発芽、開花、落葉等）のリズムが狂
い十分に繁殖できない種がでてくることや温暖な環境に適した外来生物
の分布拡大等が懸念されます。そうなると、琵琶湖の生態系もまた大き
く変貌してしまうかもしれません。生き残るために、生活様式を柔軟に
適応させることが求められる時代になりつつあります。

12

琵琶湖岸に繁茂する黄色い悪魔
～オオバナミズキンバイ～

初夏、琵琶湖の湖岸を訪れると、ヨシ原の中や護岸の岩の隙間から、写真のような黄色い花が咲いているのを目にするかもしれません(写真12-1)。葉のグリーンと花のイエローがとても鮮やかなので、綺麗だな、育ててみたいな、と思う方もいるかもしれませんが…。実はこの植物、ウスゲオオバナミズキンバイという外来生物です。

ウスゲオオバナミズキンバイとは？

ウスゲオオバナミズキンバイ(以下、近縁種も含みオオバナキンバイと略記)は、中南米原産の水辺に生育する植物で、国内では滋賀県・京都府・大阪府の淀川水系、鹿児島県、和歌山県、兵庫県、千葉県、茨城県で侵入が確認されています。

オオバナミズキンバイの最大の特徴は、その再生能力と拡散能力。わずかな茎の断片や葉の1枚から発芽・発根する能力を持ちます(写真12-2) [1]。また、茎や葉は水に浮くため、植物体の断片が水に流され、風に吹かれて新たな土地に流れ着くと、その場所で茎と根を伸ばして成長します。厄介なことに、伸びた茎からも次々と根を出し、成長が早いことから、定着した場所の水面や湖岸を覆いつくす大群落を形成することがあります。水上や水中においてマット状に繁茂したオオバナミズキンバイは、魚類などの水生生物の生息環境を悪化させたり、船の航行阻害を引き起こしたりすることが懸念されています [2] [3]。このため、オ

写真12-1　湖岸の岩の隙間から咲くオオバナミズキンバイ

写真12-2　ちぎれて浮遊するオオバナミズキンバイの茎と、そこから発根している様子

オオバナミズキンバイは、2014年6月に「特定外来生物による生態系等に係る被害の防止に関する法律（外来生物法）」の定める「特定外来生物」に指定され、現在はその栽培・保管・運搬といった取り扱いが規制されると共に、防除を行うこととされています[4]。

滋賀県におけるオオバナミズキンバイの侵入と生育地の拡大

滋賀県で最初にオオバナミズキンバイの生育が確認されたのは、2009年です。赤野井湾（守山市）の湖岸で見つかったのが初めての報告でした。その後、最初の発見から僅か3年で南湖のほぼ全域に分布を拡大しました。北湖周辺についても、湖岸だけでなく内湖なども含め、数多くの地点で侵入が確認されています[5]。特に大きな群落が見られた矢橋帰帆島の中間水路（草津市）では、マット状に繁茂したオオバナミズキンバイが、岸から沖に向かって30m以上も広がっている地点もありました。このような状況に対応するため、滋賀県では、2013年よりオオバナミズキンバイの駆除事業が行われています（図12-1、写真12-3、写真12-4）。以後、琵琶湖外来水生植物対策協議会を中心に、滋賀県、環境省、地域の漁協やボランティアなど多くの人たちが継続的に続けてきた駆除の努力により、現在では大規模な群落が残る場所は、ほとんどなくなりました。

それでもなお、一度オオバナミズキンバイが定着した地点では根をきれいに除去することが難しく、残った根から再生する小規模群落が多くの場所で残存しています。特に、湖岸の岩の隙間やヨシ帯内部では根を残さず完全に除去するのが不可能な状況です。オオバナミズキンバイは暖かい地方原産の植物ですが、冬に積雪のある地域においても地中の根は残存し、翌年急激に成長する例が見られます。頻度の高い見回りとこまめな駆除により、植物体が見られない地域も増加しつつありますが、今後長期間にわたって気を抜けない状況となっています。

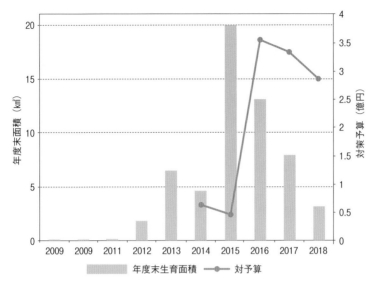

図12-1 滋賀県におけるオオバナミズキンバイの年度末残存面積と、対策予算額。琵琶湖外来水生植物対策協議会の資料データより作成

写真12-3 矢橋で繁茂したオオバナミズキンバイと機械駆除の様子

外来生物の定着を防ぐためには

　一度侵入してしまった外来種を根絶するのは、極めて困難です。このため、外来種による被害を防ぐためには、外来種を「入れない」「捨てない」「拡げない」という外来種被害予防三原則が重要となります[4]。また、万が一、新たな外来種の侵入を確認した場合は、侵入初期の段階で迅速かつ徹底的な駆除を行うことが極めて重要となります[6]。

　既に分布拡大をしてしまった滋賀県のオオバナミズキンバイについては、1）侵入の初期段階である北湖周辺地域での定着の阻止、2）根から再生する植物体の継続的な監視と駆除、および、3）残存する根の除去技術開発などが課題です。南湖における継続的な監視と駆除、および根の除去方法の検討については、行政および大学などの様々な研究機関が連携して対応しています。しかし、新たな地点への侵入阻止については湖岸を監視する多くの“目”が必要となります。

　もし、湖岸にて写真のような見慣れない黄色い花を見かけたら要注意！　駆除を行っている県や市町の担当課まで連絡頂ければ幸いです。

　本章の執筆にあたり、滋賀県立琵琶湖博物館の中井克樹氏、滋賀県自然環境保全課生物多様性戦略推進室の岩本篤彦氏をはじめ、皆様に助言とご協力を頂いたのでここに感謝の意を記します。

侵略的外来水生植物に関するお問い合わせ先

滋賀県琵琶湖環境部自然保全課生物多様性戦略推進室
TEL.077-528-3483
FAX.077-528-4846
E-mail　dg00@pref.shiga.lg.jp

写真12-4　手作業でのオオバナミズキンバイ駆除の様子

13

琵琶湖の底生動物と湖底環境

　琵琶湖にすむ底生動物は約700種 [1] にも及びます。今、底生動物とその生息場所である湖底環境が危機に瀕しています。

底生動物とは？：水生生物の生活型

　生物の分け方のうち最も基本的なものは、系統関係に基づく「分類」です。これは、生物の種やそのグループ(属、科、目など)に名前(世界共通の「学名」)を付けるための分け方といえます。

　他にも、どこでどんな生活をしているかに着目した、「生活型」による分け方があります。ここでは、水中や水面付近にすむ動物を対象として、主な生活型による分類を紹介します(図13-1)。

　水生生物の生活型は、主に2つの視点で分けられます。1つめは、水面付近、水中、水底のうち、主にどこにすむかという点です。2つめは、泳ぐ力の強さ、つまり、水の流れに逆らって泳げるかどうかという点です。琵琶湖とその周辺でみられる水生生物の生活型は、下記の4つがあります。

・水表生物(ニューストン)：主に水面付近にすむ生物です。アメンボの仲間などが該当します。

・遊泳生物(ネクトン)：水中にすみ、泳ぐ力が強い生物です。魚類の大半が該当します。

・浮遊生物(プランクトン)：水中にすみ、泳ぐ力がないか、あっても弱い生物です。ミジンコの仲間などが該当します。誤解されがちですが、

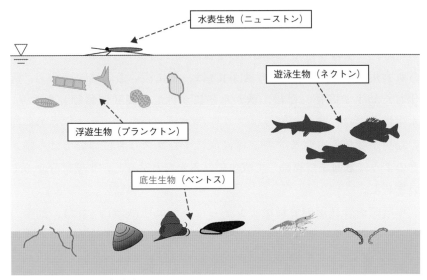

図13-1　水生生物の生活型

プランクトンとは「微小な生物」という意味ではありません。例えば、東シナ海や日本海でみられるクラゲの１種エチゼンクラゲは、かさの大きさが約２mにも達します。しかし、流れに逆らって泳げないのでプランクトンに分類されます。

・底生生物(ベントス)：主に水底にすむ生物です。貝類、エビ類、多くの水生昆虫などが該当します。

暗く冷たい世界の住人：琵琶湖深湖底の底生動物

　琵琶湖北湖の今津沖の水深約90mの湖底は、昼間でも暗黒で、水温は年間を通して8℃程度です。このような深湖底にも底生動物がすんでいます。

　生息密度が最も高いのは、イトミミズやエラミミズ(写真13-1A)などの、水生ミミズの仲間です[2]。琵琶湖の深湖底だけでみられる固有種ビワ

オオウズムシ(写真13-1B)は、淡水にすむプラナリアの仲間(扁形動物)では日本最大(体長約5cm)です。これらの種は、一生を深湖底で過ごします。

一方、一生のうちの一時期のみを深湖底で過ごすものもいます。漁獲され食用になるスジエビ(写真13-1C)は、春に浅い沿岸域で産卵し、孵化した幼生が成長した後、秋から冬にかけて深湖底に移動します[3]。水生昆虫では、アシマダラユスリカ(写真13-1D)など、ユスリカの仲間の幼虫が数種みられます[2]。深湖底にすむユスリカについては、蛹がどのように水面まで移動して成虫になるかなど、詳しい生態は分かっていません。

甲殻類の琵琶湖固有種アナンデールヨコエビ(写真13-1E)は、幼生の間は主に水中を浮遊して過ごします。成体になると、夏頃から深湖底に着底しますが、夜間のみ水中に移動します。これは、魚に見つかって食べられないように、暗くなってから浅い水深にすむミジンコなどを食べるために移動すると考えられています[2]。

底生動物は、水中の酸素(溶存酸素)を使って呼吸します。深湖底の溶存酸素濃度(DO)は、ふつう、冬の全層循環によって最高となった後、翌年冬の全層循環まで下がり続けます。近年、DOが極端に低くなる年が時々あり、2012年夏には、水深90mの湖底で窒息死とみられるアナンデールヨコエビの死骸が多数確認されました[2]。この時は、その翌年の生息密度への影響は認められませんでした(むしろ増加していました)。また、2018年度の冬は、観測史上初めて水深90mでの全層循環が完了せず、DOが十分に回復しませんでした。このため、2019年夏も水深90m湖底付近でDOが下がりつつあり、8月末から9月にかけてアナンデールヨコエビの死骸が確認されました(本稿執筆時点、2019年9月24日)。全層循環が完了しなかった後に生じる現象は私たちも未経験の状況であり、DOや底生動物の生息状況が今後どうなるのか、いつにも増して注視しているところです。

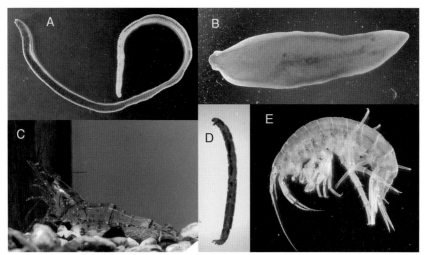

写真13-1　琵琶湖深湖底にすむ底生動物の例
　A：エラミミズ（カワムラミミズ型）　B：ビワオオウズムシ　C：スジエビ
　D：アシマダラユスリカ幼虫　E：アナンデールヨコエビ（A～C, E：西野麻知子氏撮影）

過ぎたるは及ばざるがごとし：琵琶湖南湖の水草と底生動物

　湖沼沿岸域の沈水植物（水草）は、さまざまな生物の生息・生育の場となります。しかし、水草が増えすぎると、底生動物の生存を脅かすことが分かってきました。

　琵琶湖南湖では、1990年代後半から水草が増え始め、2000年代には夏になると南湖の全域を覆い尽くすほどになりました[4]。その後、2010年代になると、水草量は増えたり減ったりの変動が大きくなっています（図13-2）[5]。

　あまりに水草が増えすぎると、ほとんど湖水（水流）が動かなくなり、酸素が水面から湖底まで運ばれにくくなります。また、水草は水面付近では光合成によって酸素を出しますが、湖底付近では水草自身の陰によって十分な光が届かないため、光合成で作るより多くの酸素を呼吸で

使ってしまいます。湖底付近のDOが低くなると、底生動物は呼吸できなくなり生きていけません（図13-3）[6]。

　私たちは、2011年から毎年8月に、琵琶湖南湖の同じ地点、同じ採集方法で、水草の量と湖底の泥の中にすむ底生動物の生息密度を調べています。その結果、水草が多いほど、底生動物の中で最も多かった水生ミミズの仲間の生息密度が低いことが分かりました（図13-4）[5]。

　また、幼虫が湖底にすむユスリカの仲間も生息密度が変わりました。1970年代頃から琵琶湖南湖の湖岸に大量に飛来し、「びわこ虫」と呼ばれるようになったアカムシユスリカ（写真13-2）やオオユスリカの成虫は、2000年代から急に減少しました[7]。これら2種の幼虫は、どちらも浅い湖底の泥の中にすみ、堆積した植物プランクトンの死細胞などの有機物を食べて育ちます。「びわこ虫」が減少した時期は、水草が増加し植物プランクトンが減少した時期と重なることから、DOなどの生息環境と餌の両方の変化による影響と考えられます。一方、ユスリカの仲間には、幼虫が水草に付着して生活する種も多くいます。これらの種にとっ

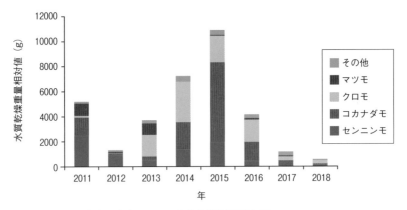

図13-2　琵琶湖南湖9定点における水草合計乾燥重量 [5]

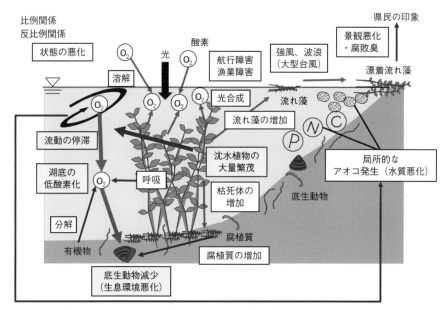

図13-3　増えすぎた水草が底生動物などに及ぼす影響の模式図 [6]

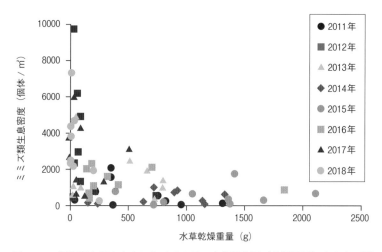

図13-4　琵琶湖南湖９定点における８月の水草採集量（乾燥重量）とミミズ類
生息密度の関係（2011年〜 2018年）[5]

ては、水草が増えると生息場所が増えることになります。

　底生動物の生息環境だけでなく、生態系や人の生活環境などの観点からも、水草が多すぎず少なすぎない状態が望まれます (図13-3)。水草繁茂量の増減は予測困難ですが、滋賀県では2010年に「水草対策チーム」を設置して、琵琶湖南湖の水草繁茂状況などの調査や、増えすぎた水草の除去や有効活用などに取り組んでいます。

「里湖づくり」活動：琵琶湖と人の関わりの再生に向けて

　現在、全国で漁獲されるシジミの99%以上はヤマトシジミで、海水と淡水が混ざり合う汽水域に生息します [8]。しかし、淡水の琵琶湖にはヤマトシジミは生息せず、固有種のセタシジミ (写真13-3)、全国に分布する在来種のマシジミが生息するほか、マシジミに近縁な外来種(タイワンシジミ種群) も見つかっています [9]。

　琵琶湖の在来魚介類が減少している中で、特に貝類の減少が著しくなっています (図13-5) [10]。代表的な二枚貝であるシジミの漁獲量は、1957年の6,072 t をピークに減少し続け、近年は50 t 前後で推移しています (図13-6)。シジミの減少理由は、1960年代頃からの水質悪化による大量死、生息場所となる砂地の減少など、複合的な要因によるものと考えられます [12]。

　底生動物が生きていくためには、生息環境としての水質や底質(湖底の砂や泥など)、餌環境としての植物プランクトン、生息環境・餌環境の形成基盤となる湖水の流れや波など、多くの要因の影響を受けます。また、底生動物の中でもシジミなどの二枚貝は、多くの人にとって身近で分かりやすいものです。私たちは、二枚貝がすみやすい環境づくりを意識した取り組みが、他の底生動物もすみやすい環境づくりにつながると考えました。

　かつては、シジミ漁業によって湖底が適度にかき回され、農業で使う

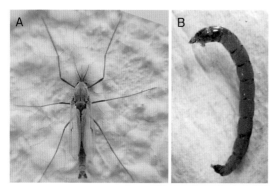

写真13-2　アカムシユスリカ
A：雄成虫；B：幼虫

写真13-3　セタシジミ老成貝
（西野麻知子氏撮影）

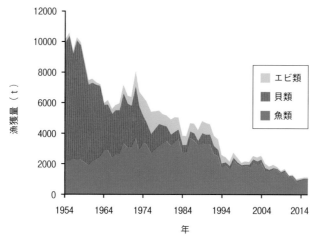

図13-5　琵琶湖における魚類、貝類、エビ類の漁獲量（1954年〜2016年）[10] [11]

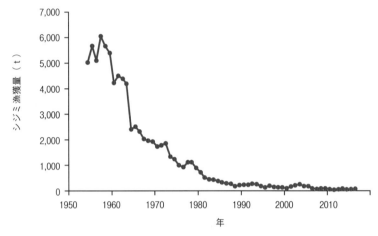

図13-6　琵琶湖におけるシジミの漁獲量（1954年〜2016年）[10] [11]

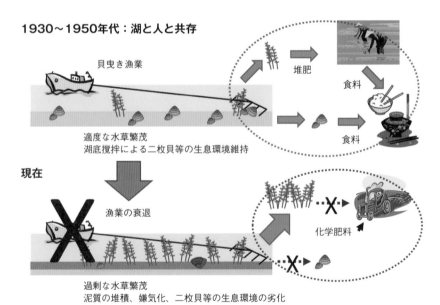

図13-7　琵琶湖南湖の生態系変化と人間活動の変化

写真13-4　住民・漁業者等との協働による「里湖づくり」活動(2017年)

堆肥の原料として水草が採取されていました[13]。琵琶湖は、こうした人の営みにより良好な環境が維持されていた「里湖」といえます。しかし、現在は、シジミが減少したためシジミ漁業が衰退し、湖底がかき回されなくなりました。また、農業では化学肥料が使われるようになり、水草は堆肥として使われなくなりました。つまり、琵琶湖と人の営みが遠ざかってしまったことが、琵琶湖の環境の劣化につながったといえます(図13-7)。

　そこで私たちは、2017年7月から毎月、湖辺の浅い砂地に設けた試験地で、住民や漁業者の方々といっしょに、定期的に湖底をかき回して泥が堆積しないようにしたり(湖底耕耘)、増えすぎた水草を除去したりする「里湖づくり」活動を続けています(写真13-4)[14]。その効果について底生動物の生息状況などから検証しつつ、活動の輪を広げることで、より多くの方々に琵琶湖の生態系や環境に関心を持っていただくとともに、かつてのように琵琶湖と人の営みを近づけたいと考えています。

引用文献

2．変化する湖岸

[1] 横山卓雄 (1983) 琵琶湖の生い立ち．琵琶湖—その自然と社会、pp26-38．サンブライ
ト出版
[2] 西野麻知子、浜端悦治 (2005) 内湖からのメッセージ：琵琶湖周辺の湿地再生と生物多
様性保全．サンライズ出版
[3] 西野麻知子、秋山道雄、中島拓男 (2017) 琵琶湖岸からのメッセージ：保全・再生のた
めの視点．サンライズ出版
[4] 辰己勝 (2008) 湖岸環境変遷調査 (土地条件)．平成19年度滋賀県琵琶湖環境科学研究
センター委託研究報告書
[5] 国土交通省近畿地方整備局 琵琶湖河川事務所「瀬田川洗堰」
〈https://www.kkr.mlit.go.jp/biwako/rivers/seta/sluice/araizeki.html〉 2019.12参照

3．琵琶湖とその集水域の気象と水循環

[1] 福井英一郎 (1933) 日本の気候区分 (第2報) 地理学評論、9, 271-300.
[2] 彦根地方気象台 (1969) 滋賀県防災気象要覧．彦根地方気象台
[3] 気象庁「歴代全国ランキング」．〈https://www.data.jma.go.jp/obd/stats/etrn/view/
rankall.php〉、2019.8.19参照
[4] 琵琶湖治水会 (1968) 琵琶湖治水沿革誌 (第1巻)．琵琶湖治水会
[5] 奥田穣 (1981) 明治29年9月4〜11日の大雨と水害：琵琶湖に明治以来の最高水位を
もたらした大雨．八代学院大学紀要、20, 34-65.
[6] 竹林征三、中済孝雄 (1995) 野洲川の歴史洪水とその惨状に関する調査研究．土木史研
究、15, 437-451.
[7] 永源寺町教育委員会 (1980) 小椋の山里．永源寺町教育委員会、ふるさと近江伝承文化
叢書
[8] 滋賀県琵琶湖研究所 (1991) びわ湖の水循環．滋賀県琵琶湖研究所
[9] Fushimi, H. and K. Kumagai. (1991) Decrease of Snow Cover Amounts Induced by
Climatic Warming and Its Influence upon Dissolved Oxygen Concentration of Lake
BIWA, Japan. Proceedings of the International Conference on Climatic, 75-80.

4．ダイナミックな湖水の流れ

[1] 神戸海洋気象台(1926)海洋気象台彙報8、琵琶湖調査報告
[2] 岡本巖(1971)琵琶湖の湖流、琵琶湖国定公園学術調査報告書．滋賀県
[3] Kanari,S.(1974) Some results of observation of the long-period internal seiche in Lake Biwa, 陸水学雑誌, 35(4), 136-147.

5．琵琶湖の深呼吸

[1] 吉村信吉(1976)湖沼学　増補版．生産技術センター新社
[2] 滋賀県(1980 ～ 2017)滋賀の環境(滋賀県環境白書　昭和55 ～平成29年度).滋賀県.
[3] 中賢治(1973)びわ湖深層の全循環期前の溶存酸素量の永年変化について．陸水学雑誌　34(1), 41-43.
[4] 焦春萌(2012)琵琶湖北湖深水層の低酸素化問題、センターニュースびわ湖みらい．滋賀県琵琶湖環境科学研究センター
[5] 焦春萌ら(2017)北湖深水層と湖底環境の総合評価．滋賀県琵琶湖環境科学研究センター研究報告書 13, 94-121.
[6] 気象庁ホームページ．過去の気象データ検索．
〈http://www.data.jma.go.jp/obd/stats/etrn/index.php〉2019.11参照
[7] 環境省水・大気環境局　水環境課(2013)気候変動による水質等への影響解明調査報告．環境省

6．湖の水は水色？　色と光からわかること

[1] 滋賀県(1979-2018)滋賀の環境(滋賀県環境白書　昭和54 ～平成30年度)．滋賀県.
[2] 芳賀裕、大塚泰介(2003)琵琶湖北湖沖帯透明度の73年間の変遷, 陸水学雑誌, 64, 133-139.
[3] 早川和秀、杉山裕子、和田千弦、鈴木智代、丸尾雅啓、楯敬介、松本真理子、大田啓一(2008)紫外線環境と溶存有機物および光反応の検討．滋賀県琵琶湖環境科学研究センター試験研究報告書 平成18年度版, 3, 76-88.

7．琵琶湖の水質の移り変わり～水質を見つめて40年

[1] 国土交通省近畿地方整備局琵琶湖河川事務所、独立行政法人水資源機構琵琶湖総合開発管理所、滋賀県琵琶湖環境部、滋賀県琵琶湖環境科学研究センター(2018)平成29年度琵琶湖水質測定結果報告書

[2] 永礼英明、藤井滋穂、宗宮功(2003)琵琶湖における窒素の水中内存在量と循環過程. 水環境学会誌、26, 663-669.

[3] 滋賀県(2018)琵琶湖水深別水質調査結果, 滋賀の環境2018—資料編—(pp97,101,103)

[4] 例えば、津田泰三、井上亜紀子、田中勝美(2019)琵琶湖産ウグイにおける残留有機汚染物質(POPs)長期モニタリング. 滋賀県琵琶湖環境科学研究センター研究報告書, 5, pp.50-54

[5] 卯田 隆、津田泰三、佐貫典子、河原 晶、北川典孝、瀧野昭彦、坪田てるみ、居川俊弘(2015). 化学物質の影響把握と分析手法の検討—琵琶湖底質調査結果について—. 滋賀県琵琶湖環境科学研究センター研究報告書、10. 199-209.

[6] 芳賀裕樹、大塚泰介(2008)琵琶湖南湖の沈水植物の分布拡大はカタストロフィックシフトで説明可能か? 陸水学雑誌、69, 133-141.

[7] 石川加奈子、岡本高弘(2015)水草繁茂と琵琶湖南湖の水質, 環境技術. 44(9), 488-493.

[8] 岡本高弘(2019)異常気象による琵琶湖水環境の変動. センターニュースびわ湖みらい. 滋賀県琵琶湖環境科学研究センター.

8. 琵琶湖の植物プランクトン

[1] 根来健一郎(1956)琵琶湖主湖盆の植物性プランクトン. 陸水学会誌、18, 37-46.

[2] 一瀬諭、若林徹哉、藤原直樹、水嶋清嗣、野村潔(1999)琵琶湖における植物プランクトン優占種の経年変化と水質, 用水と廃水、41(7), 582-591.

[3] 一瀬諭、池谷仁里、古田世子、藤原直樹、池田将平、岸本直之、西村修(2013)琵琶湖に棲息する植物プランクトンの総細胞容積および粘質鞘容積の長期変動解析. 日本水処理生物学会、49(2), 65-74.

[4] 滋賀県琵琶湖環境科学研究センターほか(2019)平成29年度琵琶湖水質調査報告書.

[5] 環境監視部門 公共用水域係、生物圏係、化学環境係(2018)琵琶湖等水環境のモニタリング. 琵琶湖環境科学研究センター研究報告書、13, 122-137.

9. 琵琶湖の魅力的な動物プランクトンたち

[1] Maehata, M. and T. Nagata (2012) Appendix 2. 12: a list of Rotifera in Lake Biwa. In: Kawanabe, H., M. Nishino and M. Maehata (Eds.) Lake Biwa: interactions between nature and people. Springer, Dordrecht, pp 582-588.

[2] Tanaka, S. (2012) Appendix 2. 17: a list of Cladocera (Crustacea, Branchiopoda) in Lake Biwa and its adjacent waters. In: Kawanabe, H., M. Nishino and M. Maehata (Eds.) Lake Biwa: interactions between nature and people. Springer, Dordrecht, pp 622-624.

[3] Geller, W. and H. Müller（1981）The filtration apparatus of Cladocera: filter mesh-sizes and their implications on food selectivity. Oecologia, 49, 316-321.

[4] Gilbert, J. J.（1985）Escape response of the rotifer *Polyarthra*: a high-speed cinematographic analysis. Oecologia, 66, 322-331.

[5] Kerfoot, W. C.（1978）Combat between predatory copepods and their prey: *Cyclops*, *Epischura*, and *Bosmina*. Limnology and Oceanography, 23, 1089-1102.

[6] 花里孝幸（1998） ミジンコ：その生態と湖沼環境問題．名古屋大学出版会．

[7] Kawabata, K., T. Narita and M. Nishino（2006）Predator-prey relationship between the landlocked dwarf ayu and planktonic Crustacea in Lake Biwa, Japan. Limnology, 7, 199-203.

[8] Bērziņš, B. and B. Pejler（1989）Rotifer occurrence in relation to temperature. Hydrobiologia, 175, 223-231.

[9] Hsieh, C. H., Y. Sakai, S. Ban, K. Ishikawa, T. Ishikawa, S. Ichise, N. Yamamura and M. Kumagai（2011）Eutrophication and warming effects on long-term variation of zooplankton in Lake Biwa. Biogeosciences Discussions, 8, 593-629.

10. 琵琶湖の四季と魚の回遊

[1] 金尾滋史（2018）7-12魚．内藤正明 監修、琵琶湖ハンドブック三訂版．滋賀県琵琶湖環境部琵琶湖再生保全課、pp174-175.

[2] 藤岡康弘（2017）6章魚類と湖岸環境の保全．西野麻知子、秋山道雄、中島拓男［編］、琵琶湖岸からのメッセージ保全・再生のための視点．サンライズ出版、pp151-173.

[3] Koji T. and S. Kawase（2019）Two new species of Pseudogobio pike gudgeon（Cypriniformes: Cyprinidae: Gobioninae）from Japan, and redescription of P. esocinus（Temminck and Schlegel 1846）. Ichthyological Research, pp1-21.

[4] 馬渕浩司、瀬能宏、武島弘彦、中井克樹、西田睦（2010）琵琶湖におけるコイの日本在来 mtDNA ハプロタイプの分布．魚類学雑誌、57（1）, 1-12.

[5] 亀甲武志（2011）琵琶湖水系のイワナ（*Salvelinus Leucomaenis*）の起源と保全管理に関する研究．滋賀県水産試験場研報、54, 1-49.

[6] 亀甲武志、岡本晴夫、氏家宗二、石崎大介、臼杵崇広、根本守仁、三枝仁、甲斐嘉晃、藤岡康弘（2014）琵琶湖内湖の流入河川におけるホンモロコの産卵生態．魚類学雑誌、61（1）, 1-8.

[7] 水野敏明、大塚泰介、小川雅広、舟尾俊範、金尾滋史、前畑政善（2010）琵琶湖の水位変動とニゴロブナの水田地帯への産卵遡上行動の誘発要因．保全生態学研究、15（2）, 211-217.

[8] 金尾滋史、大塚泰介、前畑政善、鈴木規慈、沢田裕一（2009）ニゴロブナ *Carassius auratus grandoculis* の初期成長の場としての水田の有効性．日本水産学会誌75（2）, 191-

197.

[9] 東幹夫 (1973) びわ湖における陸封型アユの変異性に関する研究 IV. 集団構造と変異性の特徴についての試論. 日本生態学会誌、23 (6), 255-265.

[10] 水野敏明、東善広、北井剛、小島永裕 (2019) 琵琶湖流入河川におけるアユの産卵場の表面硬度の特徴. 応用生態工学、22 (1), 93-101.

[11] 藤岡康弘 (2016) さけます情報サケ科魚類のプロファイル -14 ビワマス. SALMON 情報、10, 49-52.

[12] 環境省 (2019) 【汽水・淡水魚類】環境省レッドリスト 2019. 東京.

[13] 水野敏明ら (2016) 在来魚の保全・再生に向けた流域管理に関する研究. 滋賀県琵琶湖環境科学研究センター研究報告書、13, 28-46.

11. 琵琶湖の水生植物 〜関わりあう暮らし〜

[1] Kawanabe, H., Nishino, M., and M.Maehata, (Eds) (2012) Lake Biwa: Interactions between Nature and People Springer

[2] 水資源機構 (2006) 琵琶湖沈水植物図説

[3] 滋賀県 (2018) 琵琶湖ハンドブック三訂版. 滋賀県

12. 琵琶湖岸に繁茂する黄色い悪魔 〜オオバナミズキンバイ

[1] 稗田真也、野間直彦 (2019) 琵琶湖における侵略的外来水生植物ウスゲオオバナミズキンバイの葉は繁殖体となる. 地域自然史と保全. 41 (2). 151-153.

[2] Nehring, S., & Kolthoff, D. (2011) The invasive water primrose Ludwigia grandiflora (Michaux) Greuter and Burdet (Spermatophyta: Onagraceae) in Germany: First record and ecological risk assessment. Aquatic invasions, 6 (1), 83-89.

[3] Stiers, I., Crohain, N., Josens, G., and L. Triest (2011) Impact of three aquatic invasive species on native plants and macroinvertebrates in temperate ponds. Biological Invasions, 13 (12), 2715-2726.

[4] 外来生物法 (環境省 HP)
〈https://www.env.go.jp/nature/intro/1law/index.html〉2019.11参照

[5] 滋賀県 (2019)
〈https://www.pref.shiga.lg.jp/file/attachment/5125790.pdf〉2019.11参照

[6] 金子有子 (2010) 琵琶湖湖辺域の外来植物と貴重植物. 滋賀県琵琶湖環境科学研究センター

13. 琵琶湖の底生動物と湖底環境

[1] 西野麻知子(2018)底生動物. 滋賀県(編)琵琶湖ハンドブック三訂版、pp. 188-189. 滋賀県.

[2] 焦春萌、桐山徳也、田中稔、岡本高弘、七里将一、青木眞一、石川可奈子、井上栄壮、永田貴丸、西野麻知子(2015)北湖深水層と湖底環境の把握. 滋賀県琵琶湖環境科学研究センター研究報告書、10, 105-135.

[3] 西野麻知子(編)(1993)びわ湖の底生動物:水辺の生きものたち Ⅲ. カイメン動物、扁形動物、環形動物、触手動物、甲殻類編. 滋賀県琵琶湖研究所.

[4] 芳賀裕樹(2018)トピック 南湖の沈水植物繁茂. 滋賀県(編)琵琶湖ハンドブック三訂版、pp. 162-163. 滋賀県.

[5] 滋賀県(2019)環境省 平成30年度湖辺における環境修復実証事業(滋賀県琵琶湖)委託業務報告書. 滋賀県.

[6] 井上栄壮(2015)琵琶湖南湖の沈水植物(水草)繁茂と生態系の修復・再生に向けて. センターニュースびわ湖みらい. 滋賀県琵琶湖環境科学研究センター.

[7] 金子有子、東善広、佐々木寧、辰己勝、橋本啓史、須川恒、石川可奈子、芳賀裕樹、井上栄壮、西野麻知子(2011)湖岸生態系の保全・修復および管理に関する政策課題研究:湖岸地形と生物からみた琵琶湖岸の現状と変遷および保全の方向性. 滋賀県琵琶湖環境科学研究センター研究報告書、7, 113-149.

[8] 中村幹雄(2011)わが国の水産業「やまとしじみ」. 日本水産資源保護協会.

[9] 石橋亮、古丸明(2003)琵琶湖淀川水系、大和川水系におけるタイワンシジミの出現状況. Venus、62, 65-70.

[10] 近畿農政局滋賀農政事務所(1954 ～ 2009)滋賀農林水産統計年報.

[11] 農林水産省(2010 ～ 2016)内水面漁業生産統計調査.

[12] 西野麻知子(2017)5章底生動物の現状とその変遷. 西野麻知子、秋山道雄、中島拓男(編)琵琶湖岸からのメッセージ 保全・再生のための視点、pp. 128-149. サンライズ出版.

[13] 水草繁茂に係る要因分析等検討会(2009)水草繁茂に係る要因分析等検討会 検討のまとめ. 滋賀県.

[14] 井上栄壮、湖辺の環境修復手法検討会、滋賀県琵琶湖環境科学研究センター、滋賀県琵琶湖環境部環境政策課、環境省水・大気環境局水環境課(2018)琵琶湖の湖辺域における二枚貝を評価手法とした水環境改善手法の検討について. 第17回世界湖沼会議(いばらき霞ヶ浦2018)論文集、pp. 250-252.

■執筆者一覧

編集
琵琶湖環境科学研究センターブックレット編集委員会
　内藤正明、津田清和、入江建幸、明石達郎、早川和秀、谷口学彦
（滋賀県琵琶湖環境科学研究センター）

著者
早川和秀、東善広、焦春萌、石川可奈子、井上栄壮、永田貴丸、水野敏明、
酒井陽一郎（滋賀県琵琶湖環境科学研究センター　総合解析部門）
岡本高弘、池田将平（滋賀県琵琶湖環境科学研究センター　環境監視部門）

琵琶湖環境科学研究センターブックレット Vol.1

琵琶湖の科学　みずのこと・いきもののこと

2020年3月20日　第1版第1刷発行

著者‥‥‥‥‥‥‥琵琶湖環境科学研究センター
　　　　　　　　ブックレット編集委員会

発行‥‥‥‥‥‥‥滋賀県琵琶湖環境科学研究センター
　　　　　　　　〒522-0022 滋賀県大津市柳が崎5-34
　　　　　　　　tel 077-526-4800

発売‥‥‥‥‥‥‥サンライズ出版
　　　　　　　　〒522-0004 滋賀県彦根市鳥居本町655-1
　　　　　　　　tel 0749-22-0627　fax 0749-23-7720

印刷・製本‥‥‥‥シナノパブリッシングプレス

©滋賀県琵琶湖環境科学研究センター編集委員会　Printed in Japan
ISBN-978-4-88325-682-2 C0340
定価は表紙に表示してあります